U0004035

catch

catch your eyes ; catch your heart ; catch your mind......

catch 194

好料——台灣大廚在法國

作者	Phoebe Wang
攝影	Phoebe Wang、Nicola Walsh
責任編輯	繆沛倫
美術設計	一瞬設計（蔡南昇／張鎔昌）
法律顧問	全理法律事務所董安丹律師
出版者	大塊文化出版股份有限公司
	台北市 105 南京東路四段 25 號 11 樓
	www.locuspublishing.com
	讀者服務專線：0800-006689
	TEL：(02) 87123898　FAX：(02) 87123897
	郵撥帳號：18955675
	戶名：大塊文化出版股份有限公司
	e-mail:locus@locuspublishing.com
總經銷	大和書報圖書股份有限公司
地址	新北市新莊區五工五路 2 號
	TEL：(02) 89902588 (代表號)　FAX：(02) 22901658
製版	瑞豐實業股份有限公司
初版一刷	2013 年 3 月
定價	新台幣 360 元
ISBN	978-986-213-426-9

Printed in Taiwan

國家圖書館出版品預行編目 (CIP) 資料

好料一台灣大廚在法國 / Phoebe Wang 著 .
-- 初版 . -- 臺北市：大塊文化，2013.03
　面；　公分 . -- (Catch ; 194)

ISBN 978-986-213-426-9(平裝)
1. 飲食 2. 旅遊文學 3. 文集

427.07　　　　　　　　　　　102003291

——台灣大廚在法國

Phoebe Wang──著

好料

Phoebe
In France

謹以此書獻給我最摯愛的父母
他們是我人生中最重要的領航者和避風港灣……

並祝親愛的老爸今年八十三歲生日快樂！

目錄

008　推薦序　我心中的最佳大廚　　　　　　　　Matthias Moehlig

010　推薦序　我的得意門生台灣的優秀主廚　　　Gérard Pelourson

011　推薦序　熱情的優秀大廚　　　　　　　　　Guy de Saint Laurent

013　推薦序　美食的精髓　　　　　　　　　　　陳文龍

015　推薦序　以尊敬期待的心迎接好料　　　　　柳信郎

017　推薦序　令人驚嘆的陳釀之作　　　　　　　Fenny Pan

018　推薦序　好料釀成不解之緣　　　　　　　　朱瑋莉

019　自序　　分享是我快樂的泉源

Chapter 1

到源頭尋訪頂極珍饈

026　**佩里戈爾的黑松露**　料理之王──榮享黑鑽石美名

034　**佩里戈爾的肥鵝肝**　料理之后──無人不愛的白珍珠

048　**優雅豐腴白蘆筍**　大啖春夏高貴的鮮嫩滋味

058　**布列斯雞**　法國人真有一套

Chapter 2

道地家常法國料理

070　**布根地烤田螺**　吃法國菜的第一課

078　**布根地的紅酒燉牛肉**　沈浸在布根地紅酒中的傳奇美味

084　**布列塔尼人的驕傲**　來自布列塔尼的可麗餅

096　**布列塔尼河口的生蠔**　自然天成的美味是上天的贈禮

108　**矛盾與偏見的傳奇地方料理**　阿爾薩斯的醃酸菜豬肉鍋

118　**兩種乳酪一種心情**　「荷克列特」與「蒙多賀」

132　尼斯沙拉　最偉大的料理來自大自然

142　**可頌和麵包**　認識法國的開始

152　**醃肉洋蔥雞蛋派**　最美味的平民料理

158　**燉牛肉蔬菜鍋**　法國媽媽的傳統美味

168　**普羅旺斯四寶**　進入普羅旺斯從這裡開始

176　不可不知的三款酒　紙醉金迷在巴黎

Chapter **3**

老饕帶路，品嚐歐洲菜真滋味

186　**西班牙海鮮飯**　無法取代的美味記憶

194　**生牛肉冷盤**　來自阿爾卑斯山的難忘滋味

204　**西班牙小食 TAPAS**　讓心情狂奔的美味小尖兵

214　**伊比利火腿**　凝脂香滑入口即化的傳奇美饌

224　**即興香檳外一章**　原來香檳也可如是吃喝

Chapter **4**

法式甜點的高尚風情

244　**國王派**　聖誕的喜悅

252　**馬卡龍杏仁蛋白餅**　高貴且貴的少女酥胸

262　**洛林省的瑪德蓮小蛋糕**　藏在貝形模裡的甜蜜滋味

270　**波爾多的可莉露小蛋糕**　硬底子的甜點小姑娘

276　**果醬**　來自真果醬的記憶

285　後記

推薦序

The best chef I know

Matthias Moehlig

Phoebe's French restaurant Louis XIV in Taipei was recommended to me by a good friend. I was skeptical, as I had been exposed to many so called "French" restaurants in Asia before. Most experiences were mediocre at best. So, my level of expectation was rather low when I arrived.

But this restaurant was different. The interior design reminded me of a French restaurant with a very tasteful Asian touch, not the usual overdone copies I had seen before. The service was excellent, I could feel the passion and artistry of the owner at once. The recommended menu was surprisingly traditional, each dish a piece of art on its own. I learned later that Phoebe had studied French cuisine for several years in France and also had the chance to learn from their Michelin chefs. When finally the dessert arrived, I knew that this chef was in a class of her own.

That evening my friend and I stayed much longer than expected, enjoying the relaxing and beautiful atmosphere accompanied by a bottle of excellent French wine. We actually stayed so long that Phoebe decided to close her restaurant for the night and invited her staff, some friends from France and us to some bar in Xinyi.

Well, this is how our story started. A lot of things have changed in the meantime. Phoebe and I are married, I changed my job and our small family (our son was born in Taipei in 2008) has moved to Berlin in Germany.

What has not changed is Phoebe's extraordinary love and passion for French food. Here in Berlin she entertains guests in her successful Supper Club where she serves French/Chinese ten course menus for up to 12 people in our private home. The international and vibrant Berlin has definitely broadened her already wide view even more, but she is still in touch with many of her former customers in Taiwan and visits France regularly to keep up-to-date.

On the one hand I feel guilty to have robbed Taiwan of one of its best chefs, on the other hand I am so happy to have Phoebe by my side every single day. She is not only one of the best chefs I know, but also a lovingly, amazing person and a perfect mother and wife.

With this book she is trying to share some of her amazing food experiences in France with you, the reader.

Bon appétit.

我心中的最佳大廚

Matthias Moehlig

　　一位好友推薦我去 Phoebe 在台北開的法國餐廳路易十四（Louis XIV），不過，由於早已在亞洲各地見識過許多所謂的「法國」餐廳，大多數的經驗都是印象平庸，因而對此也就多所保留。對我的初次到訪，不抱什麼期待。

　　但這家餐廳卻很不一樣，裝潢帶著一絲優雅的亞洲風，完全不像那些我曾見過的尤如誇張的複製品。它的服務完美，讓我可以完全的感受到主人的熱情與手藝。備受推薦的菜單超乎傳統的印象，每道料理都是獨一無二的藝術傑作——我後來得知 Phoebe 曾經在法國研習料理多年，也曾經師事當地的米其林主廚。等到最後的甜點上桌時，我幾乎可以確定這位主廚果真無與倫比。

　　享受著法國美酒帶來的愜意美妙，那個晚上我和朋友待得比原先預期的時間還晚得多。由於待了太久，於是 Phoebe 決定將餐廳打烊，然後邀請她的員工、法國友人們和我們一起去信義區的酒吧續攤同樂。

　　嗯嗯，這就是我們故事的開始，後來事情也起了許多變化——我們結了婚，我換了新的工作，我們的小家庭遷回了德國柏林（我們的寶貝兒子也在二○○八年於台北出生）。

　　但她對法國料理的熱情與摯愛依舊沒有改變。在柏林，她開了一間非常成功的 Supper Club，在我們自己的家裡招待約十二位的訂位客人，一次十一道法國或中國料理。國際化又充滿活力的柏林，無疑加倍拓寬了她原本就很廣闊的視野，而且她仍舊與許多台灣的客人和朋友保持著密切的連繫，並且定期前往法國繼續充實自己。

　　我一方面因為奪走了一位台灣頂尖的法國廚師而感到罪惡，另一方面又因為她每天與我相伴而感到慶幸。她不只是一位優秀廚師，也是一個深情又特別的人，更是一個完美的母親與妻子。

　　各位朋友，藉著本書的出版，Phoebe 將與您分享她最令人驚奇的法國美食旅程。

Bon appétit

推薦序

我的得意門生——台灣的優秀主廚

國家廚藝學院會員，獲頒法國國家農業騎士勳章
Gérard Pelourson

二〇〇一年我認識 Phoebe 時，她已是台北 The Flow（芙蘿歐法料理餐廳）的老闆，她非常熱愛法國料理。後來她來到我的餐廳 le probus 學習，對料理充滿熱忱與耐心，更充滿想要實現理想的勇氣。並且像一般的法國廚師一樣，樂於走出廚房，來到客人面前實際接觸交流——是為深入了解法式餐飲藝術的一門重要功課。我的家鄉也是法國黑松露之都之一，她對於了解食材和參與「挖掘」松露充滿好奇和強烈的學習心，然後我們花了一個上午在那松露園子裡，然後大家一起品嘗，享受著只淋上優質橄欖油，撒上了鹽之花的麵包，這就是最簡單的法式美食饗宴！

之後 Phoebe 更是積極的走訪法國各地，發掘不同的地區的特色料理和葡萄酒。甚至親自帶著她的員工到我們家鄉最有名的葡萄酒大學學習。

Phoebe 處事嚴謹專業又很靈巧，我們曾共同合著了一本普羅旺斯料理的食譜書《走進普羅旺斯》（Evènement à la table）。完全是在我的餐廳 Le Probus 的廚房完成的。這書在台灣深獲成功與好評，讓我很開心。

之後 Phoebe 在台北又新開了一家餐廳 Le Louis XIV（路易十四歐法料理餐廳），從餐廳名「路易十四」即可知她是多麼的熱愛法國文化和法國美食了。更別忘了法國美食已被聯合國教科文組織列為世界文化遺產。

最後，我要跟本書的讀者說，Phoebe Wang 是台灣推廣法國料理的大使，由衷的希望讀者們喜歡這本非常法國的料理書，並祝福本書大大成功。

推薦序

熱情的優秀大廚
Guy de Saint Laurent

　　身為 ROUGIE 的主管，我很高興成為 Phoebe 鵝肝醬的供應商。正如諸位所知，全世界的廚師都愛用我們的產品——他們到處旅行、充滿好奇、互相交流、分享知識與熱情，而 Phoebe 就是一位這樣的優秀廚師。當年，我是在法國認識她的，每年總會有好幾次在法國碰面的機會，我們會一起拜訪米其林名廚，討論廚藝、生活和一起工作。Phoebe 總能自此得到許多靈感和創意。

　　我還記得她初訪鵝肝醬之鄉、也是 ROUGIE 廠房的莎拉市（Sarlat）時，她與那些鴨鵝遊戲的情景令我印象深刻。那幾天她還與法國東北佩里戈爾省（Perigord）的天才名廚，米其林一顆星認證的 Daniel Chambonu 一起工作。

　　我們一家人就住在佩里戈爾這好地方。我有兩個女兒，分別十二歲和十四歲，還有一個六歲的兒子，妻子是醫生，家庭溫馨美好。唯一的問題我必須經常到處旅行，到世界各地去拜會我們的經銷商以及進口我們食材的廚師們，但這份工作最棒之處，是可以讓全世界的廚師認識到這樣美味的食材。我知道，現在台灣也有愈來愈多的料理高手在自己的佳餚裡融入這項法國食材，而 Phoebe 就是這種跨越藩籬和創新的最佳代表。在台灣，鵝肝主要用在熱食，但在法國，鵝肝是開胃的冷盤菜。它的最大優勢就是可以任意搭配香料、果蔬、魚類或肉，它的可塑性就像陶土般，讓料理充滿無限的樂趣。

　　鵝肝醬在法國西南部的生活裡也有極佳的舒療效果，此處居民大量食用鵝肝，使得心血管的病變遠低於法國其他地區。鵝肝裡的不飽和脂肪酸和橄欖油一樣，對降低膽固醇頗有助益。事實上它也的確和橄欖油相似，這就是許多廚師喜用鴨油取代牛油來烹調的緣故。

　　在法國招待 Phoebe 真的很有趣，她總是充滿好奇又好學，因此我也十分樂於引薦她給我們的頂級廚師。她從不吝與我們分享她的熱忱，即使有時候因為大家的工作緊繃而忙碌，困難重重，但她總是能機智又靈巧的配合當時的狀況，與我們一同找到方法共同解決。她不但是一位廚師，更異於一般廚師的在藝術、時尚和人際關係上的經驗感受極其敏銳。

當我們一起在法國時，最為人津津樂道的就是她與各法國大廚間的合作，用著她對法國料理的專業，和台灣人在美食料理上的差異與專長，彼此交換很多經驗——放眼今日，實在少有能和 Phoebe 一樣，心胸開闊擅長與法國人溝通，又富創意與行銷於一身的優秀廚師。

因而 Phoebe 成為我真正的好友，並且始終受到法國的歡迎——正如同在台灣的法國人一樣，總是能夠在 Phoebe 的餐廳裡面享受到真正的法國美食，並得到很法國的待客之道一解思鄉之愁。

推薦序

美食的精髓
浩漢設計董事長　陳文龍

　　在上海的辦公室，警衛室電話通知我有國際快遞，帶著「是什麼」的疑惑去領取，打開它才頓時想到幾周前與 Phoebe 在 Line 上的閒談，竟然成了一言為定的承諾！

> PH：我現可是很夯的 supper club 主廚喔！前幾天媒體來訪，他們還評我為歐洲最佳華裔主廚呢！
>
> PH：前兩天一對德國客人送了我們一堆自己園子裡的有機蘋果，所以我煮了三鍋果醬有蘋果、杏桃、洋梨等，但光削皮就夠了……粉好吃底！而且大夥對我的果醬，都讚不絕口。
>
> 我：我也好想嘗嘗……但是距離那麼遙遠……看來也只有聽聽的份了。
>
> 也好懷念路易十四餐廳喔！
>
> PH：我寄去給你啊！
>
> 我：太麻煩了吧！別寄，變數那麼多！你有回台灣再……
>
> PH：就這麼決定啦！

　　從此她的果醬成了我的最愛！就像我仍然時常懷念很多路易十四的美味料理一般。收到遠來的美食，是驚喜又意外！但對自許是「隨心所欲，隨性而生」的 Phoebe，我只能說，這就是她！她總是一直堅持把喜歡的事作到她所期待的結果！

> PH：哇！哇！哇！太好了！
>
> PH：終於等到你的推薦序了，真是千呼萬喚始出來啊！
>
> PH：感謝啦！

　　從事產品設計工作的我，執行創意的觀點是以「人」為中心，才思考如何去設計開發商品或服務。正如近年來市場的發展趨勢，在在強調提供消費者整體愉悅的使用經驗，當來自於五官（眼、耳、鼻、舌、身產生的視覺、聽覺、嗅覺、味覺與觸

覺）的感受。在大腦不由自主地的留下了深層的記憶後，一旦達到了滿足感，便會對該產品或服務產生再擁有的欲望與眷念，這就是「感覺經濟」的新行銷模式。

這本書的作者 Phoebe，早就這麼做了！

擁有設計的天賦與背景，再加上對料理的狂熱與鑽研，讓她真正堅持努力不懈地在做「美」食，把視覺的美與材料的真，放在一鼎愛中烹調，用心謹慎地決定了每道菜的內涵；再把做廣告創意的精神加入，讓食物更精益求精外，也為滿足感再加分。完全超越了單純味覺上的程度。

要求完美的她，就連書裡的插畫，都要求美美地呈現，一切自己來！

Phoebe 又在電話那頭興奮地說：「我現在竟然也以中菜而聞名！天啊！我曾是多麼不愛煮中菜吃中菜的人，但當我把中國菜的精髓用法國菜的方式演繹了之後，我不但更為中國菜自豪，也在這中菜乏善可陳的歐洲，讓這群來自世界各地的朋友，被我的中國菜懾服……」

相信這本書，在你讀後，用想的就可以感覺到「好好吃」的意境！

建議您，先在手邊備些乾糧再開始閱讀此書！

推薦序

以尊敬期待的心迎接好料
亞都麗緻大飯店餐飲部服務協理　柳信郎

經過一段很長時間的醞釀，Phoebe 的佳作就像陳香佳釀般已然熟成。

雖然讓書迷們等待良久，但此次的等待卻是值得的。因為我滿心期待的料理食材書終於要上市了。

自從答應幫 Phoebe 寫推薦序之後，心裡反覆地想著，不就是寫個序能有多難嗎！殊不知在飯店的餐飲部門工作十分不易，每天忙得像陀螺一樣轉啊轉個不停，時間好像永遠都不夠用似的，所以每當想到還有序要寫，頓時間整個腦袋就一片空白，腸枯思竭到連一個字都擠不出來的窘況。但不管如何困難，即便是硬擠也要完成任務。相較之於 Phoebe 實在是令人敬佩，就算時間相當緊縮，不但要工作、經營餐廳、又要當主廚做料理，還要到處旅行吸收新知等，竟然還能騰出時間來寫新書分享大家。這可是需要很多的熱情，和無限的體力耐力跟堅持才辦得到的事！我只能說 Phoebe 妳真是太神奇了！

Phoebe 所寫的這本《好料──台灣大廚在法國》，從法國佩里戈爾的黑松露、阿爾薩斯的醃酸菜豬肉鍋到低調平民料理的醃肉洋蔥雞蛋派……一共介紹了二十多款歐陸的食材和知名料理，每一項皆有著她精細地探究與鑽研，介紹大家認識歐洲的美食世界是多麼的講究、奢華與挑剔。不光如此，她也巧妙地安排了食譜，吸引讀者進入她書中的異想世界，依著食譜照著比例去製作，把這些高深的食材變化成一道又一道的料理，讓人有看得到也聞得的幻象般。哇！那美妙的食譜，似乎充滿了神奇的魔力，加上 Phoebe 獨特風格的演繹更令人著迷。也是她累積十多年的料理經驗與分享傳承。

Phoebe 總是熱誠待人、關心朋友，因為無私所以會有這本好書。對一樣熱情追求美食的好朋友們，歡迎您一起來共享這本令人愉悅，增加精神和感官刺激的好書。

Phoebe 祝妳創作順利，好作品源源不斷，出版成功！

令人驚嘆的陳釀之作

La Via Wine & Spirits Sales Manager, Fenny Pan

　　由於和 Phoebe 共同合作十多年葡萄酒工作，進而成為朋友。我們認識有十五年了吧，因為兩人工作背景相同，生活態度相似，所以分外珍惜這份友誼。我們倆都非科班出生，憑著努力學習進入這個產業，固執的堅守自己的工作。這幾年我們彼此看著對方成長，因為工作性質的絕對結合性，我們更是互相支持，創造了更多元化的飲食天地。

　　認識 Phoebe 這麼多年，看著她為了追求新知，努力發掘知識鍥而不捨的精神；看著她對自我作品的呈現，堅持要求品質和追求完美的態度；看著她為了滿足人們的味蕾，在餐盤上所做的一切，真的只能用一句話來形容「認真的女人很恐怖」！

　　基於我工作的專業認定，一杯好的葡萄酒，取決在它釀製的過程，越是艱辛越有深度。因此我也相信一個有深度的主廚，必能創造出無數美妙的驚豔料理，讓饕客們追逐並深深的懷念。

　　相信大家在看完這本耗費她多年心血的書後，必會認同我的看法。

Enjoy it!

推薦序

好料釀成不解之緣
GET HAPPY Cotton Candy　朱瑋莉

　　她曾經是成長於眷村的出色女孩，是學生時期繪畫與書法比賽的常勝軍，是君子好逑的迷人女子，是坐擁高收入工作穩定的廣告創意人，是咖啡館的經營者，後來為了夢想遠赴法國習藝烹飪，成為法式餐廳主廚和掌門人。一手打造獨樹一格的 Phoebe 式法式料理。現在更是風行於歐美的 Supper Club —— Phoebe in Berlin 的主人，同時也是生活多彩生命豐盛的勇敢母親。

　　這些風光的成就背後，是她竭盡心力付出學習，與紮實的人生閱歷。她相信每個人的人生課題都一樣，只是時間早晚的差別，她很認真的走在高潮起伏又多彩多姿的人生道路上，始終如一的簡單相信堅定堅持！

　　她是我的好朋友—— Phoebe！

　　從美味餐桌延伸到精彩人生，我和 Phoebe 因著好料，釀成不解之緣！

　　我們相識於她離台前自營的法國餐廳路易十四，一道道秉持傳統又創新的好料理，讓我和另一半以及家人朋友著了迷似的流連忘返；與她進一步熟稔，則是她以主廚身份，帶領我和眾多饕客在廚藝教室裡的灶爐邊學習廚藝，豐富的菜色可讓家裡的餐桌席開盛宴。

　　隨著日曆變薄，與 Phoebe 的情誼一天天深厚，縱因生活異動相隔時差七個鐘頭的台德兩地，我們仍可透過光學信號的傳輸，越洋暢談永不離喫，亦談論著她的異鄉生活，和我的生活點滴。時常，在廚房爐台火力全開時，不論是料理或是烘培，突然卡在一個環節不知所措時，只消抓起手機敲敲鍵盤按個傳送，幾分鐘不到，她總是能馬上抓住重點的回覆我，於是一道道驚險的好料順利上了桌，還真應證了一生中必要認識廚師的重要性。更常，被生活中層層壓疊瑣碎的事物，搞得惱人情緒高漲時，Phoebe 總會適時的化身人生導師，以她豐富的人生經歷和堅定的信仰價值，引導我以感恩的心去體會生命的美好。和 Phoebe 相處，永遠有聽不完的故事，和冒不完的險，真實而精彩，真心而熱情，真切而勇敢，永遠掏不盡也掘不完。

　　認識料理學習廚藝真的很有趣，滿足口腹之欲得以自給自足，還能分享家人，拉

近朋友間的關係，成就感非凡。如今的我不但廚藝精進，烘焙成績斐然，也在她和家人朋友的鼓勵下完成了我多年來的夢想，開一間以創意棉花糖為主體的小舖。曾經，那是我一直害怕無法如願的夢幻，而今，夢幻得以成真，帶給眾人更多兒時的回憶與歡樂。終於了解 Phoebe 和那麼多甘願埋首在枯燥廚房裡工作的廚師們，願意為了料理學習精進與犧牲奉獻的原因，是為了帶給客人更多味蕾上的體驗與歡愉。

感謝 Phoebe 堅持了六年，一心想透過這本書，分享她廚藝生涯的起始、轉折和收獲，並對法國的料理和食材有一個完整的演說和介紹，故事篇篇精彩而且助益良多。除此之外，更加料端出她被出版社強迫重拾畫筆，親繪的三十餘幅插畫，讓我們又見識了她在廚藝之外的藝術天分。她就是這麼一個傳奇！自成一格的創意基因，造就她的廚藝表現更加自由奔放，更加天馬行空，更加成熟內斂。

雖然與她千里之遙，但透過這本書，我竟可以輕易感覺正與她對面而坐，在一個愜意的午後，一間高雅餐廳的沙發上，一邊談天一邊等待著，等待著她的書中廚房，為我們端上的一道道的人生好料！

預祝我們的 Phoebe 新書暢銷！

自序

分享是我快樂的泉源

Share my love for food,

Share my art of cooking!

就因為習得不易所以更分享！

這是我在貴客留言本扉頁寫下的這十六年來廚藝生涯的心情。

不論是藝術的學習、創意的磨練還是後來讓我深耕熱愛的廚藝工作，都不曾稍減我熱愛分享的天性。尤其是身為廚師之後，分享和愛成了我工作必須也必備的心情。我想，少了愛與熱情的食物如何感動人心？

自一九九六年起一腳踩進廚房的工作開始，晃眼走進第十六個年頭。也從昔日的遊藝法國到今日的實戰歐洲，常常有「一支草一點露」的深切感受。廚房工作的困難，絕不是單憑一時的興趣熱情便可為，事繁工瑣工時長收入薄，甚至隨著季節景氣的消長，不但長期考驗著我們的耐性、體能、心臟強度外，多半時間的我們處在孤獨裡，當年那深深的孤獨感，至今仍深烙在我心中。若非對廚藝工作的狂熱執著與期待，恐怕很難走到今天的成績。

一直以來我喜歡這句話，這句再貼切不過的廚房人心情寫照──「在廚房的火爐邊我開始學習人生」！是的，廚房是我們每個廚師的人生會所，我們在這裡生，在這裡別，在這裡學著人生的一切，若你深切體悟了這超凡的境界，廚房便成了你的人間天堂。十六年後的今天才開始漸嘗甜果的我，終可悠然自在地享受辛勤努力後的點滴，開始活在掌聲與燈光下，甚至還想累積更大的熱情與能量，往下一站的歐陸新市場挑戰去，並宏願成為歐洲第一的亞裔名廚。其實不論身處任何環境，是好是壞都不曾改變我當年跨行時的初衷，簡單的說我只是想要帶給人們一個幸福的時刻，我也享受他們告訴我「妳的食物讓我感到好幸福」的感動。所以我日夜努力不懈地為了我的餐盤攪盡腦汁。

我有幸從事了法國料理的工作，也讓我有機會能常駐留法國學習，與法國人一起生活，更深入地了解在料理以外的精髓。法國人對生活的態度和對生命的看法是我對法國嚮往推崇的原因。

因為在法國──

讓我學會了當女生的尊榮和樂趣；

讓我學會了待在廚房煮食不再是一件讓我厭惡流淚的事情；

讓我學會了開始接近大自然去了解食材；

讓我學會了細嚼慢嚥優雅的享受食物的美味，和美酒的香醇；

讓我學會了漫漫生活慢慢呼吸；

讓我學會了放下很多原先沒有絕對必要的執著；

更學會了在生活中找尋創意，在創意中生活；

並且重新開始了一個新思維的人生方向。

　　法國，著實改變了我！一段關於對法國人生活態度的描寫：「懂得生活、享受生活是法國人奉為圭臬的指標，像呼吸一樣的自然；隨時給自己一杯咖啡的時間休息一下，聊天時絕對不為了彼此的意見相左而翻臉，生活中沒有該做與不該做事的限制，只有值得為而為！輕鬆的看待一切和生活。」這就是他們愜意的人生準則，也是我喜愛法國，喜愛烹調法國菜的原因！學習法國菜確實不容易，甚至得說非常難！我傾注過往十六年的青春努力端詳它揣摩它了解它，直到今日信手拈來的自信。這是一條漫長又艱辛的探索之路，不是上幾年學就能懂得了，更不是輕易從書上學得來。我保持了十六年來每天大量閱讀的習慣，抱著學習必得繳學費的信念，一趟又一趟地飛往法國淘金。為了求知丟掉自尊不厭其煩地問，突破語言上的障礙與人交談，打破文化的差異隔閡努力地融入法國人的生活。堅定執著不做半調子的廚師，紮實地狠下工夫，一心只想做一個名至實歸的法國料理名廚。但這樣的理想曾經給我帶來了莫大的壓力和無數的淚水，一直以為那是一生遙不可及的夢，也曾無數次的想放棄，這條路我走的太痛太苦了。朋友們都說我把自己幾近逼瘋，但做藝術的又有幾個不瘋的呢！直至今日的苦盡甘來，我卻突然辭窮地不知所云，不知如何與你們分享其中點滴，不知用什麼語言和文字述及我此刻心情的千迴百折，最

後，只能以這本書與你抒情，抒發我在這條路上的點點滴滴。

這本書花了我近六年的時間，殊不知其間所遭遇的種種變數，可預知與不可預知的，主觀與客觀的，人為與非人為的，此時的我終於可以含淚又驕傲地告訴你們，我做到了！我終究戰勝了那些艱難困苦的歲月，也因為它的艱難困苦讓我的人生更豐富，廚藝更紮實，視野也更遼闊無際！這是一本多年來我旅行法國學習廚藝，與食物發生種種故事的書，甚至可追溯到我的童年時期和我的家人。從食材到料理的認識和用法，都透過我個人的故事串場演繹成一篇篇輕鬆又有趣的散文，讓大家在沒有壓力的環境下閱讀外，更可輕易的認識食材了解食物。我認為認識食材、了解食物是學習料理品嘗食物的基礎，也是我十多年來學習廚藝的重要法則。這本書是我十六年來學習的精華，希望正讀著這本書的你們，不管是專業的廚師，還是業餘的高手，不管你懂烹飪還是只能說一口好菜的行家，甚至只是個意外讓你們翻開了這本書，我都希望與期待它將帶給你們一個愉快的心情，對食材和料理有一個全新的或再認識的機會，並和我一樣對追求美味料理的熱情終生不滅。

它終於要上市了！在此真心的感謝我敬愛的大塊郝董事長，當年您的親臨指教，讓當時初出泥沼的我尤如天降甘霖的感動，也無疑的在當下為我注入了一劑動力叫「新生」。還有大塊的韓姐，知道她很喜歡聽我說故事，所以藉著每次講故事給她聽的機會丟出我的企畫案，韓姐不但是我一直以來敬重的人之一，不但一直以來的支持我，更是真正知我懂我人生歷程的好知音。還有我的編輯夥伴沛倫，除了終拗不過我的堅持，更因沛倫專業又獨到編輯能力，讓這本書新局大開獨特搶眼，親愛的沛倫但請相信我，更相信你自己，這是我重重踏過十六年生命的成績，也是我們歷經無數晝夜的心血結晶，它將會印證「值得」的最高價值。就在此書即將出版的前夕，坐在書桌前爬著這篇序文的我百感交集，亟欲用這多年下來的淡定工夫安撫自己，但太多的感謝與太深的感動，讓我無法平靜內心的激動。尤其深怕漏了任何一個我應該的感謝！最後感謝上蒼的厚愛，賜與我這不凡的生命與歷練，和我終生對希望不死的堅定信仰，對於生命中的一切，我珍惜我感恩！

前言

　　一九九六年我們在天母開了第一家店「Flow 芙蘿咖啡食館」，後來轉型為「芙蘿歐法餐廳」，相信至今都是很多人心中的美好回憶。

　　當芙蘿轉型為歐法料理之後，我便興起了赴法習藝的念頭，有趣的是在一九九八年的一次歐洲旅行中認識了傑哈老師的家人 Jerome，由於相談甚歡，往後保持了一年多的書信往來，一天，我才知道他的父親竟是普羅旺斯省有名的二星大廚，雀躍的我立即要求登門求教，但是對方卻要我好好想清楚，考量我是一個來自亞洲的女生，不但得適應語言、環境、氣候，尤其是困難的廚房工作等問題，以及他嚴格又要求很高的父親，基本上就是怕我承受不起壓力而陣亡。

　　幾個月後頂著很菜的英文和完全不瞭的法文，踏上了我的法國學藝之路。異國學藝哪有這麼容易？慌亂中被罵到哭是常有的事，但又絕不能以為自己特殊與他人有別，且無論如何都要咬著牙把東西學會學精才能回家。雖然在工作上老師的教導十分嚴格，也沒有特殊的情面（雖然相較於他的員工，我算是被特別禮遇了），但私下的我們亦師亦友親如家人，他永遠不藏私地教會任何我想學的東西。我很高興的在二○○三年特邀老師在百忙之中，一起合出了一本傳統的普羅旺斯食譜書《餐桌上的騷動》（後改版更名為《走進普羅旺斯》），我與出版社人員親赴法國實地拍攝，是為當年出版界的一大創舉，這也是我對老師全心教導的回饋。

　　自從普羅旺斯的學習開始，接著的十多年我旅行跑遍法國，最後落腳巴黎，學習在大大小小的餐廳、城鎮，吃過學過無數的好料，也認識了無數的人。如今我盡可能地把我過去學習的歷程與心得，努力地塞進這本兩三百頁的書裡與你們分享！

　　現在的我與家人定居德國，有一個美滿的家庭。但我的廚藝生涯沒有因此而終止，相反的，我又再度挑戰了另一個完全陌生又不熟悉的市場，展開了另一個嶄新的廚藝之旅。憑著我深耕法國十年餘的歷練，與創業十六年的雄厚實力，放眼歐洲是我下一個階段的人生目標，邀請你們與我一起拭目以待。

Chapter **1**

到源頭尋訪頂極珍饈

"Truffle"

佩里戈爾的黑松露
料理之王——榮享黑鑽石美名

*B*rouillade aux truffes
松露鮮奶燴蛋

4 人份

蛋	8 個
松露（削片）	60g
蒜頭（大）	1 顆
奶油	25g
鮮奶油	2 大匙
麵包（切條）	8 條
鹽、胡椒	
鮮奶油	少許

1. 先將松露和蛋一同放入保鮮盒中冷藏 24 小時，讓松露的香氣透過蛋殼的氣孔吸入。
2. 將松露、蛋、鮮奶油攪拌混勻，加入鹽和胡椒調味，覆蓋一塊溼布放入冰箱冷藏靜置 20 分鐘。
3. 鍋子加熱並以蒜頭塗抹鍋底，加入薄薄一層橄欖油，用小火將麵包條乾煎至焦黃。
4. 將奶油入鍋加熱，加入蛋汁以中火慢慢撥炒，並不時攪拌，使其凝固變濃稠碎蛋狀，起鍋前再加入些許鮮奶油，繼續攪拌 1 分鐘，佐以麵包條一起食用。

在台灣，品嘗新鮮松露的機會極少，儘管現今市面上真空瓶裝的義大利黑松露價格便宜，但品質畢竟無法與新鮮松露相提並論。幸好拜餐飲工作之賜，讓我這幾年往來歐洲各處時，有許多品嘗新鮮松露的機會。

看著又多又大的新鮮松露，白花花的大洋飛了也甘心。

初訪松露故鄉

記得初到法國的第一年，便有幸在傑哈老師的安排下，親身到價值不菲的松露園裡走一遭。這是座開放式的觀光松露園，初冬上午約莫十點多，隨來訪的旅行團一同參觀。午夜的一場雨使得土地泥濘難行，加上溼寒氣溫，冷得讓人蜷縮成一團，但熱情絲毫未減的松露園主人安先生（Anthoine）及其成群活力充沛的拉布拉多犬，照樣備足裝束，精神抖擻地引領我們這群起不早又不耐寒的城市菜鳥們，前往尋訪松露。

早年松露獵人的角色，是由眾所皆知的豬擔任，但豬兒食量大、性懶又貪嘴，想從牠口中搶下松露，除了努力培養感情加上平日訓練，還是得靠平時苦練的身手，因此三不五時就會上演人豬大戰。後來為節省開支，取得更大經濟效益，才興起由狗取豬而代之。狗是人類最忠實可愛的朋友，確實成為新一代得力助手，但狗兒撿拾松露的功夫不及天生好手——豬，且狗兒護主護園的傻勁，常因午夜大盜山豬的偷襲而死傷慘重。山豬體型碩大野蠻凶猛，更是找尋美味松露的頂尖行家。牠們每每趁半夜下山偷掘，並經常襲擊守衛犬，令松露園的損失難以估計，因此現今松露園外圍多已架設低矮電纜圍籬，減輕物產及人畜的損失與傷亡。

一路聽安先生詳盡解說，一面看著狗兒勤奮盡職的找尋松露，牠們一心

討主人歡心並享受眾人掌聲，一旦發現松露便雀躍地呼喚主人，我們一夥人也顧不得泥濘道路會弄髒腳，興奮地隨安先生朝目標物跑去。當狗兒立下汗馬功勞，安先生會送上大大的親吻與擁抱，再賞幾塊餅乾，就可讓這群可愛的傻狗狗們心滿意足。

接著，安先生不慌不忙挖出戰利品，先剃除泥塊，再以棕刷清潔，確認品質並掂掂大小重量，細聞香氣並以手指輕掐熟度、輕摳表層，斷定其等級為可生食的特優品種或僅可製作醬汁。

松露秤重時是用小刻度的天平砝碼，精確計算出這黑鑽的價值。新鮮松露輸出到台灣，一公斤要價約二十多萬元台幣，在當地時價也要二分之一，其高貴珍奇可想而知！就像等待葡萄成熟的殷切盼望，今年的貨色優劣及產量多寡，是松露業者的年度盛事！這麼高級珍貴的食材，如何栽種與分類，實在很難從這麼短促的參訪過程充分瞭解。這趟清晨難得的松露園探訪，只能略窺這領域的皮毛，雖未能一嘗松露「仙味」，但對我來說，這堂高貴的食材課，已成為我一生中難得的回憶。

再訪松露產地

前幾年為了拍攝前一本書裡的照片，我再次回到普羅旺斯，傑哈老師又帶我們參觀另一座友人東尼先生的松露場。

東尼先生不過三十出頭，卻繼承自祖父輩遺留下來的龐大產業，身價數十億的他帶著一群忠心的狗兒，和一位越南籍的美麗未婚妻，用心守護偌大的家業。除了參訪他的莊園，還幸運享有一頓午茶招待，席間，東尼秀出他珍藏的各式松露：最大最重的（約有六百公克）、品質最好的、價格最貴的、得來最不易的……滿滿一架子耀眼紀錄，全裝在大大小小的玻璃瓶罐中供人欣賞和討論。在他不疾不徐的言談中，可以感受他對這門事業的努力與熱情。

這天東尼慷慨招待我們品嘗現採松露，遺憾的是此時的松露尚未成熟，內在仍呈粉白色，香氣亦不若成熟品濃烈，但仍勝過瓶裝松露的品質。對當時從未嘗過新鮮松露的我而言，已是一種極致奢華的享受。席間，東尼的越籍妻子細心地替我們將松露切片排盤，再淋上特級橄欖油、海鹽和現磨胡椒，調味後，佐配切片麵包入口，真是美味幸福到不行！

繁簡皆美的松露

傑哈老師的鄰居碧姬（後來也成為我的好友）聽聞我再度造訪，索性直接到就近熟識的農場，預購剛上市的現採新鮮松露（註），再趕到傑哈老師的店鋪，邀我們隔日一同晚餐。碧姬不擅烹飪且懶得煮食，但卻酷嗜美食，她將這一把新鮮松露切片，以最懶惰原始的方式——「清炒義大利麵」給解決，雖說可惜了松露的高段表現，但其鮮美原味完整呈現，也算是值得！

之後，我在法國陸續追隨各大名廚學習，頻繁進出高級或米其林星級餐廳，嘗過不少主廚的松露風味料理。松露烹調多以刨成薄片或切絲加入菜餚為多，一旦加熱久煮或使用瓶裝產品，容易讓香氣盡失導致口感變軟，尤其是白松露。保留松露香氣的最佳烹調方式是「封烤法」，例如把松露切片塞入雞皮底下，便是一道具創意的經典名菜，或製成像祖師爺名廚Paul Bocuse 的松露湯，也是一道絕色美味。

每當有機會品嘗這些珍饈，我總會感謝上天賜予的好運，這天價般令人咋舌的松露料理讓人大讚爽快，無其不歡。難怪法國人常自豪地說：「松露是來自上蒼恩賜法國的寶物！」

註：普羅旺斯亦為法國松露產區範圍，因此他們總有就近取得高檔食材食用的優勢，真令人欽羨

關於松露

　　松露是生長在橡樹或榛果樹下的菇菌，成熟期大約是每年十二月到隔年三月，至今無法以人工栽植，顯見其珍貴。鑽石般珍貴的松露，不僅是法國人的驕傲，其神祕，也是饕客們執於探究的話題。説真的，這不可思議的塊根不斷地跑出人類的理解範圍，我們確實無法窺知其中的化學奧祕，也少有人願意冒險描寫它的香味，它像是從地心孕育的果實，有著令人不可抗拒的神奇魅力，我們從中獲得優美細緻的味蕾感受，且被深深撼動。最早採集松露的高手「豬」，牠們有著最為敏鋭的嗅覺，是天生的松露獵人。曾有文獻提及，松露氣味與誘發母豬性衝動的費洛蒙類似，現代更有研究證實，松露的確具有催情效果。從古至今，松露始終具有能使王公貴族及老饕們春心蕩漾的神奇力量。

　　松露種類其實不少，目前只有兩種因氣味較細緻而成首選，一是法國西南佩里戈爾的黑松露（Truffe Noire de Périgord），一是義大利西北阿爾巴的白松露（Tartufo Bianco di Alba），均屬稀有品種。在塊菌屬之下有許多不同品種的松露，學名均以 Tuber 開頭。目前已發現的松露品種中，最知名美味，價格也最昂貴的是黑松露（Tuber Melanosporum）和白松露（Tuber Magnatum Pico），其色由深黑到淡乳白或褐色都有。黑松露的鱗片外皮除具保護作用，也藉此呼吸並汲取養分；白松露外皮則細緻平滑，狀似乳白石頭，與黑松露形成強烈對比。

Phoebe 廚房無言的祕密

　　身為廚師的我常被問到松露到底有多美味？

　　法國作家 Jean-Louis Vaudoyer 則曾嘲諷地説：「嗜吃松露者不外乎這兩種人，相信它很美味因為價格不菲；另一種則因售價不菲，所以一定很好吃。」其實此話不無道理，論口感、價格，我認為羊肚菇（Morel）或牛肝菌菇（Cepe）更令我垂涎。但松露的香氣是如此特殊無可匹敵，若取其香味入菜，瞬間變化出的美味，可説「無菇可出其右」，實可稱王稱后，加上栽種不易與其神祕不可測的身世，至今仍沒人敢評其不是！這就是松露的奧妙，這款無價珍品，是否也讓你想化身為一隻幸福的小豬呢？

　　若你問我們做廚師的，松露到底好不好吃？那我會回答：「不好吃！」

　　嚴格來説松露不是拿來吃的！若不摻和其他食材調理，單就松露本身還真不知如何入口！不懂善用，最後也只能拿去餵豬餵狗。（偷偷告訴你，到現在我的冷凍庫裡還躺著一顆呢！）

　　但論其香氣，那可就世界無敵了！Viola！松露珍貴在「香氣」，所以吃不起新鮮松露又不擅料理時，退而求其次使用瓶裝或質佳的松露油，仍能創造特殊的美味。加入煮好的湯裡或煎好的肉上，也可拌入沙拉，只要取其「味」，照樣高貴又不會太貴喔！

佩里戈爾的肥鵝肝

料理之后——無人不愛的白珍珠

Périgourdine Sauce
佩里戈爾醬汁

紅蔥頭（切末）	30g
馬爹拉酒	300c.c
波爾多紅酒	150c.c
鴨高湯	300c.c
鴨肝醬	300g
無鹽奶油	
鹽、胡椒	

1. 橄欖油熱鍋將紅蔥頭末炒香，加入馬爹拉酒大火濃縮剩 1/2 量，再加入紅酒大火濃縮至 1/2 量，接著加入鴨高湯，大火煮滾後小火繼續熬煮濃縮至 1/2 量。

2. 再放入鴨肝醬充分拌勻，最後加進松露及奶油，用鹽、胡椒調味即可。

談到鵝肝（Foie Gras），上一篇西南法的佩里戈爾（Périgueux）又要登上寶座啦！佩里戈爾為何能尊享得天獨厚的優勢，同時擁有兩大珍寶？

幾年前拜讀知名美食作家韓良露小姐的西南法之旅，興起旅行此地的動機，而後有賴同業好友聶小姐協助，取得參觀法國頂級鵝鴨肝製造商Rougie的機會，於是我在二〇〇五年的夏天，開啟了這趟佩里戈爾的美食旅程。

美景與美食之旅

這趟旅行實屬不易卻很精彩，光是盤算旅費、張羅行程、聯絡朋友就花去不少時間，待一切打點就緒，才啟動這個長程旅行計畫。

對我而言，法國無處不美，從巴黎、普羅旺斯、波爾多、佩里戈爾到羅亞爾河，不論大城市小鄉村，都各有其風貌情趣，囊括多元人文風情，蘊藏各種豐富美味，讓我樂在其中。

停留普羅旺斯期間，除了探望傑哈家人外，也時常獨自開車遊蕩在隆河區的葡萄莊園間，試嘗各大小酒莊鄉鎮餐廳的珍釀佳餚。每天下午也會固定開車去逛郊外的專業大賣場，這其實是最令我開心的時刻——逛超市、小市集看食材的興致，遠超過血拼流行商品！

以往在書裡發現某些不熟悉的食材或稀奇菜色，如果無法立即尋得或品嘗，總會令我氣惱，但如果閒逛時忽然看到它們出現在眼前，就會有種驚喜的感動。因此，偌大的超市逛下來沒三、五個鐘頭我是絕不罷休，由此可知，我是多麼認真專注在此學習認識食材、品牌，甚至研究各種食物的做法。

另一件更讓我興奮的事，則是有熟門熟路的當地人引路，一群人開車穿梭在鄉間小路，找尋彼此心中的美味餐食。記得在某個偏僻的鄉間角落，有家被我們戲稱為「山羊之家」的餐廳，因為男女主人看來都像羊，且餐

廳旁的小型牧場也圈養了幾頭羊。整個餐廳只靠夫婦倆經營，先生當主廚，妻子負責外場服務，規模小但菜單卻令人驚艷！

這家店絕無門可羅雀的擔憂，因為它擁有豐富菜單、悠閒用餐環境及親切的服務，可惜因生意太太太好了，休店期比開店日多，等待永遠比享受的時間長。而叫人難以置信的是，一大串菜色全出自主廚一人之手，每天竟然還提供主廚 Special 菜單的供應，加上一星期僅營業三天半，更令顧客流連忘返，我停留短短的一星期內就光顧了四次，熟到鄰座客人都可以每天交換菜色心得了。我對店裡的生牛肉冷盤（Capaccio）情有獨鍾，新鮮厚實的肉質絕無僅有，酸度可口的醬汁調配得宜，現刨乳酪與牛肉厚度的口感嚼勁令人回味再三，接連點了三天仍意猶未盡，如今回想還是讓我忍不住流口水。

而後按計劃拜訪酒鄉波爾多（Bordeaux），也順道參觀干邑區（Cognac），最後才正式進入佩里戈爾。頭一遭以獨自開車方式做環法旅行，讓我不免皮皮挫，陌生的路況、民情加上不熟悉的手排車，一路狀況驚險刺激，好不容易在數天後才抵達目的地。要到佩里戈爾得先找到莎拉市（Sarlat），而後才能依序尋得前往飯店的路，一路跌跌撞撞穿過寂靜荒野，問遍在地與非在地的男女老少，終於在接近黃昏時，找到這家天際邊遠但景色美不勝收的百年飯店 La Belle Etoile。

癡呆地凝望傍晚美麗的夜色，眼前的蜿蜒小河上泛著幾葉孤舟，悠久綿長的整排百年房舍，傍著壯闊的山岩築砌，氣勢非凡典雅，襯托出微稀天色與隱約的滿天星斗，讓人彷若置身童話景色，這，就是西南法著名的多爾多涅河（Dordogne），沒想到我們竟能倚畔而居！

倒抽口氣回過神來，夜間氣溫驟降，還是快躲進飯店裡吧！據說這間四代傳承的飯店已有上百年歷史，並

然陳列許多歷史性的擺設，還有一間名氣不小的家族餐廳！進房後，我梳理整頓，洗滌旅程中的舟車疲勞，卸下一整路驚險緊張。臨睡前趴在窗前，映入眼簾的是寂靜遠方若隱若現的教堂鐘樓，與高掛夜空的一輪皎月，我把這一切甘甜帶入了夢鄉！

頂級鵝肝製造工廠

一夜香甜好眠，清晨醒來時間已經晚了，慌亂梳洗後飛快竄入早餐室，用餐時間已過，我勉強要了杯熱咖啡，在廚房工作的廚師們，不忍見我這異鄉客餓肚子，偷偷遞來一盤牛角可頌，讓我倍感溫暖，也為第一天的行程揭開美好序幕。

接著驅車急赴今天的重頭戲── Rougie 肥肝工廠的參觀行程。大家都知道西南法是法國美食重鎮，集松露、鵝肝兩大寶藏於此，令人興奮又期待。一路殺到莎拉市郊的Rougie，這是座大型平頂式工廠，格局方正簡單整潔，踏進大廳便有股涼意隱隱流竄，原來廠房採用無塵無菌的低溫空調，使室內格外冰冷。迎面微笑走來的是為我全力安排行程的喬祕書，優雅氣質給人一種舒服的感覺，在她簡短問候和解說後，正式展開當日的行程。

進場前我們先到更衣室換穿無塵衣帽，由工廠領班引導參觀作業中的各部門。Rougie 本身不養鴨鵝，而是和品質優良的各農場合作，由農場提供上等貨色，再經品管人員嚴格挑選，分級分項的作業謹慎細心。此時，滿

佩里戈爾的鵝鴨製品多不勝數。

喜獲親切農家相贈的松露甜酒，好開心。

載一箱箱冷凍鮮鵝肝的大型貨運車正好抵達卸貨，品管人員開始逐一秤重挑揀，可惜廠內禁止拍照，無緣讓大家一窺作業狀況。

平台作業員多為女性，男性則負責包裝和運輸等較粗重的工作，看我們一群人走過，尤其是少見的亞洲人出現在此鄉間小鎮，不免掀起一陣好奇細語。

據說第一關挑肝、揀肝的工作十分重要，從重量、色澤、平滑度等健康狀況，便能判斷品質優劣，因此擔任第一關者皆為經驗豐富的老手。接著要剔除筋脈血管、調味後再分類成各種不同品項，分批進行不同後續作業，大致可區分「生肝」和「熟食罐頭」兩大類型。

一般鵝鴨肝醬或混以肉塊香料的罐裝品，需先將內容物裝罐再進行無菌真空密封，接著放入特殊的大型蒸烤爐烘製為成品，最後由另一條生產線的工作人員黏貼標籤，分類儲放或出

廠，整個流程精細繁瑣，讓人讚嘆不已。向來嗜吃肥肝的我，早等不及這個試嘗新口味的機會，陶醉之餘竟又意外受邀共進午餐，一想到能與在地饕客一起品嘗道地的佩里戈爾美食，真叫人欣喜若狂！

心中竊喜這難得的機會，趕緊隨行搭車進入美麗的古城莎拉市。隨著 Rougie 海外總監紀先生的引導，遍覽這座城市的美景。古色古香的莎拉市有著尖尖的高塔、蜿蜒的羊腸小徑、中世紀時期的石砌房舍、木造露台和螺旋狀樓梯等等。途中我們還碰上正要收市的晨間市集，一片彩色傘海下擺滿各款攤位，販賣當地農家自種自栽自製的各式蔬果農作，行經一處販售用珍貴松露釀製開胃甜酒（Aperitif à la Truffe）的攤位時，老闆熱情招攬我們品嘗，因為彼此相談甚歡，最後我們還意外分得一瓶贈禮，真是驚喜莫名。

穿過彎曲小徑後，進入一處綠蔭濃密的露天餐廳與古堡般的室內區，期待已久的午餐饗宴就要開始。此時，正值盛夏，天氣熱得叫人發慌，能在這不時有涼風吹拂的地方用餐真是開心。我點了經典的「燒烤鴨肉」，佐配在地著名的佩里戈爾醬汁（Sauce Périgourdine）及馳名的鵝肝。這種使用馬爹拉酒、切片松露及攪和鵝肝醬泥熬煮的醬汁，是當地有名的料理，絕不容錯過，再加上大大小小的頭盤菜和比大的甜點，這頓道地的西南法料理讓我們吃得大呼過癮，肚子撐到快無法動彈。這裡的人們真幸運，每天有美景相伴，還有隨手可得的珍貴美食可嘗。但話說回來，誠如紀先生

所言，再美味的食物天天吃也會讓人噁心！這也解開我對紀先生為何點了一盤子海鮮的迷惑。

美食背後的疑惑

能將西南法重要美食的由來徹底瞭解，真是此生的難得機緣。感謝Rougie熱心安排，我才能如願參觀養鵝場。夏日午後酷暑難耐，加上酒足飯飽後令人頭重腳沉。坐上喬祕書那宛如烤箱般毫無空調的小車，讓我花容失色。經過幾條羊腸小徑，約莫四十多分鐘車程後，抵達一座中型農場，開始拜會農場主人阿倫先生。

面會阿倫先生的路上，經過幾座養在圍欄裡的鵝寶寶家，牠們個個如我們般懶洋洋地趴在林蔭樹下，動都懶得動，只有少數幾隻覓著水喝，或好奇打量來訪客人。圈養處採分齡而居且分室內外，接著看到身材飽滿豐腴、雄赳赳氣昂昂的種鵝區，這群鵝爸爸鵝媽媽的數量不多，採精兵制吧！想到要擔負如此重責大任，想必

得精挑細選小心伺候，這可攸關整座農場生計咧！接著是細分不同年齡層的鵝寶寶，看到剛出生數日的小鵝寶寶們，躲在牆角邊圍成一團呱呱叫，格外令人驚喜好奇。

接著阿倫先生在各區敬業親切地為我們解說，當他以特殊叫聲呼喚鵝寶寶時，群鵝馬上飛奔齊聚，迎向又敬又愛的衣食主人，親子般的畫面令人感動，但我不免疑惑，之後阿倫先生何以能下手奪走牠們的生命？這問題一直在心中盤旋。

來到最後十四天的灌食區時，我忍不住提問，阿倫先生只以平常單調的語氣回應，他是如何熱愛這份工作，與鵝寶寶們親密相處的每一天，他都盡心照料，換得鵝寶寶的信任，他還說直到面臨宰殺那刻，鵝寶寶們仍堅信主人是愛牠的，並將生命完全交付。這說法對連抓雞宰鴨都很困難的我，實在難以置信。我從沒動手宰殺半隻動物，每回看外婆或媽媽宰烹鄉下自養的雞鴨，也總躲得老遠，所

以，這鐵定不是我能勝任的工作。

　　雖然，結尾時阿倫先生幽幽地說這不過是份平常的工作，這是牠們的生命歷程，但我始終無法把兩者的人生畫上等號，這道理太難懂，心情也太複雜！哎！索性選擇不聽不看不聞，光「吃」就好了！雖然說很殘忍，但又有多少人能抵抗這美味誘惑呢？

　　最後，阿倫先生還示範灌食鵝鴨的方法，我們特別拍下 Video 記錄，但每回觀看不免一陣心酸不忍，更為這一隻隻早已歸西的鵝兒們，感到至深遺憾。

每當看了會讓我小傷心的照片。

鵝肝與鴨肝

　　代表法國美食的鵝肝，在美食界占有舉足輕重的地位。但事實上，目前食用鴨肝的比例卻遠勝鵝肝。兩者口感有些微差異，鴨肝風味濃重特殊，鵝肝則溫潤細緻。且因鵝肝產量只約占肥肝比例的十分之一，價錢更昂貴。優質肥肝的色澤均勻且微微發亮，呈現象牙白且泛粉紅，觸摸時緊實光滑有彈性，食用前先剔除血管筋膜，而後切厚片以平底鍋微煎至外酥內軟，口感油嫩飽滿餘韻無窮，佐配漿果類或酸甜醬汁，此為經典作法；也可調入干邑及香料等，填入長方形的烤盅，使用低溫蒸烤成肝凍（Terrine），搭配麵包及甜白酒類，如索殿（Sauternes）等冰涼後一起食用，可謂高級享受。肥肝美味無人能抗拒，不得不佩服追逐美食的法國人，會想出這種飼養法，真殘忍卻也真美味，不稱王稱后，又怎對得起這群鵝寶寶呢？

Phoebe 廚房無言的祕密

　　由於個人甚愛肥肝（在我的經驗裡不喜歡肥肝的人也不多），連我那在鄉下養雞養鵝的舅媽，都對法國鵝肝稱讚不已，甚至驚奇法國人能將鵝肝養得如此肥大鮮美，而且沒有腥羶味。肥肝或煎或烤或蒸煮都美味，唯價格不菲浪費不得。常聽客人說愛吃鵝肝但因膽固醇過高只好捨棄美味，其實法國肥肝養殖法與飼料配方與一般所知不同，含不飽和脂肪酸，反而對健康有益！

　　多年前因為禽流感的關係，政府開始管制從法國進口的肝類產品。進口商為了市場需求，改由加拿大、匈牙利等國進口相關產品供應市場。加拿大的產品雖多為法國在加國的養殖場生產，甚至匈牙利的產品價格更相較便宜。但經我們專業的使用比較後，仍深深覺得，經過法國本地農場專業飼養照料下的肥肝，不論食用時的香氣口感，或烹煮時的出油耗損量，都不是代用商品能取代的。

　　因此，若非疫病之故，建議多花一點錢，取得質量兼具的法國產品為佳。相信很多朋友都有購買肝醬類產品的經驗，但因閱讀法文不易，與對相關常識的不足，所以花了不少冤枉錢。選購時儘量詢問清楚，再來就是具備基本常識囉！肝醬產品種類多，有純鵝純鴨或肝肉凍類。提供個小撇步，一是從價格能看出端倪；二是從專業製造商來評斷，例如著名的Rougie與一般食品商的附屬產品，兩者品質大異其趣。一般市售品多為雜肝醬，但不知情的朋友則多半以鵝鴨肝醬統稱。因此，購買時請確認 Foie gras d'oie（鵝）、Canard（鴨）或 Rillette（肉醬）、Terrine（肉凍派類）的區分，再以含量百分比取捨判斷！多方嘗試總會找到個人的偏好，有時質與值要並重而估，過與不及的飲食法，就算仙丹也無效。

優雅豐腴白蘆筍

大啖春夏高貴的鮮嫩甜美

*A*sperges blanches à la sauce aux truffes

白蘆筍佐松露奶油醬汁

4 人份

白蘆筍	8 支
新鮮松露	1 粒（切絲）
鮮奶油	120cc
奶油	30g
鹽、胡椒	適量

1. 將白蘆筍自根部算起 2/3 處削皮，並將削下的皮放入鍋中加鹽煮開，直到煮出蘆筍味，將皮取出，放入白蘆筍煮約 7 分鐘後撈起。

2. 另取一鍋倒入鮮奶油、松露，煮滾濃縮至稠，再加入奶油、鹽、胡椒調味，裝盤淋汁即可。

一根根身型筆直，尖端綴著叢叢尖芽的蘆筍，總是讓再挑嘴的大小朋友都會臣服在其討喜的模樣，忍不住開心一口咬下。台灣蘆筍產量不多，省產綠蘆筍色澤青綠，口感鮮脆、體型纖細，汆燙後熱炒或冰鎮後涼拌沙拉，都是餐桌上的美味佳餚。台灣一年四季都能吃到綠蘆筍，產季在夏季六月左右，由於產期極短，栽種期工作既繁瑣且需要大量人工，屬於高價農產。

另外，蘆筍也仰賴進口，尤以泰國和美國加州的品種為主，且十分受到大眾喜愛。近幾年，在眾美食家及各個媒體推波助瀾下，飲食文化朝精緻化路線邁進，而在歐洲享有盛名的是體態優雅豐腴的白蘆筍，近年在進口商引進下被視為珍稀品，身價比綠蘆筍更加昂貴。

白蘆筍產於每年春季及夏初，以五月後的品質最為鮮甜。主要產於法國的朗德斯（Les Landes）、普羅旺斯及亞爾薩斯等地，義大利的巴薩諾（Bas-sano）、德國呂北克（Lubeck）也都是歐洲人公認的產區。新鮮挖出的白蘆筍約有超過十五公分及十五至二十公分的長度，筍尖處泛著淡粉紅色者是極品！白蘆筍是尚未出土接受陽光洗禮的綠蘆筍嫩莖，其水分含量超過九成，口感鮮脆水嫩，剛柔並濟溫潤俐落。

蘆筍料理在一百多年前的歐洲即深受歡迎，蘆筍性屬酸，當時人們慣用純銀餐具，但易使蘆筍變成黑色，最後只好用手捏著吃。烹調方式則以水煮居多，搭配荷蘭醬汁最普遍，不過就算清嘗原味也不顯單調，反而更能凸顯其平民貴族的原味，但是在德國讓我嘗到搭配奶油醬汁的另一種美味吃法。白色美食代表珍貴稀罕，如白松露、白魚子醬、白蘆筍等，趁著春臨季節，不妨盡嘗這白色奇蹟吧！

德法兩國的白蘆筍較勁

曾在一家高級餐廳宴客時，適逢白蘆筍（Asperges Blanches）產季，兩根

別忘了挑選白蘆筍的撇步喔！

一份便要價近兩千元台幣，令在場所有人瞠目結舌。我特別推薦同桌的友人試嘗比較，這般珍貴食材，讓人吃得小心翼翼，細慢切成小段後再送入口中，細細咀嚼就怕掉落什麼美味沒嘗般。

由於當時經常旅歐，我有較多機會品嘗到白蘆筍。白蘆筍產季甚短，約莫一個半月，因此，雖有價錢上的考量，但美食饕客怎能放過這一年一嘗的時機。記得幾年前賃居巴黎的日子裡，適逢夏日產季，在每星期五才有的傳統市集，蔬果攤上一把一把新鮮

現摘的白蘆筍，成了每個人菜籃提袋裡的當季必搶的戰利品。六月的法國陽光暖溢，信手拈來做道清爽的沙拉或是奶油醬汁前菜，或再奢侈點，煮一鍋白蘆筍奶油濃湯，道道都叫人大呼過癮。

到德國才知道德國人也為白蘆筍癡迷，但在料理上則另有方法。由於德國也是盛產國之一，白蘆筍的產季到來時，在德國也是大事一樁，食用法除了熟知的荷蘭醬汁（Hollandaise）外，傳統德國吃法則偏好淋上融化後的奶油。

德國的白蘆筍料理——總是粗獷了些。

　　奶油？我沒聽錯吧！乍聽時可是嚇壞我，試想這麼清甜的滋味，難道不會被油膩的奶油給淹死嗎？事實上不然。因為飽含甘甜水分的白蘆筍，以熱水煮熟後取出瀝乾，淋上加熱融化黃澄澄的奶油汁液之後，反倒讓只有水分與纖維的白蘆筍更香滑溫潤，配上德國熟火腿一同食用，立即變身成主食，搭配的酸黃瓜則有解膩爽口的效果。

　　這道德式白蘆筍，是德國婆婆為我煮的第一道德國料裡，一道閉上眼想到都會令我微笑的菜，也變成每年夏

天我家餐桌上的貴客。而我那位酷愛白蘆筍的先生，對煮食白蘆筍挑剔且嚴格，首先必要有把好刨刀，再則得有一鼎專業煮鍋，再來要有蘆筍專用盤，他對挑蘆筍、削蘆筍、煮蘆筍的要求與能力，是我這個大廚望塵莫及的！難得看到德國人對吃這麼講究，從中可見白蘆筍的魅力吧！

　　每逢吃白蘆筍的季節，也是本人放廚房假的時候，索性由他全程操刀，我連當副手都免了，難得清閒當個食客就好。我家先生難得下廚，但善煮的料裡可說道道精彩，恰巧又是我的

弱項，往好處想，兩人互補咧！但壞處則是常要展開一場廚房收拾大戰。這時只好安慰自己，連善後清理廚房戰區的搭配都如此完美。唉！上天給他烹飪長才，卻沒附送清理戰區的天分！這也是我無奈的地方。

蘆筍田中採美味

那一年，停留德國的三個星期期間，幾乎餐餐有白蘆筍佐餐，真是樂不可支。在歐洲，白蘆筍雖不若台灣昂貴，但總是比較划算，所以我們每頓的蘆筍大餐總是每人十根起跳，算算餐廳價都近兩萬大洋，不過唯有這種吃法才稱得大快朵頤呀！

吃得滿足之餘，索性跑到屋外腳程可及處的蘆筍田探個究竟，蘆筍根很長，栽種不易，要長得好，得依賴良好的排水及偏低的氣溫，有水霧的山腰沙土最適合其生長。

當蘆筍長出綠色嫩莖後則需蓋上黑色大塑膠布，阻斷陽光直射及所行之光合作用。直到白蘆筍長成即收割上市。對待這高貴的經濟作物，用心，是免不了的。縱然品嘗的代價讓人卻步，但比起其他珍饈如松露、鵝肝等，至少這是一般人負擔較輕的平民珍品。

愛白蘆筍的德國人對栽種蘆筍和挑蘆筍一點也不馬虎，從產地到形體樣貌的挑選，甚至如何將蘆筍削得整齊漂亮都很在意，連使用特殊鍋具烹煮都有一定的堅持，且對搭配蘆筍食用的火腿也不輕忽。盛產季裡，大小餐廳莫不使出渾身解數，互拚各種文宣戰，足見德國人熱愛蘆筍的程度。

又或者，這也顯示相較於法國，德國更為富裕也說不定（世界經濟指數確實如此顯示）。

雖然產季過後仍有瓶裝蘆筍可供饕客解饞，但我卻從來不見德國人家裡有此庫存，可見德國人對白蘆筍情有獨鍾的重視與挑剔，應該更勝法國人一籌！

中外蘆筍烹調有別

　　以蘆筍做料理，不論當主角或配角都讓人有種高級的印象，綠白蘆筍皆同。綠蘆筍口感清脆色澤青綠，適合搭配菜色或用來配色，也可快炒，葷素都是上選食材；白蘆筍則不適合熱炒，色澤也非強項，怪不得歐洲人只讓它一枝獨秀當主角。兩者雖然都是蘆筍，但口感、身價、料理方式都大異其趣，兩者只能算遠親吧！

Phoebe 廚房無言的祕密

　　在餐廳的廚房裡，常會發現一些有趣或感人的小故事。可愛的廚師們常為了珍惜食物，經常把所有食材，如肉魚蔬果等削下來的皮骨小屑善加利用，而當我們用到一些高級食材，如削下來的白蘆筍皮、修清取下的魚菲力皮骨等等，都變成這些廚房尖兵們的伙食。就像今天所談的白蘆筍，我的廚師們就曾把削下來的蘆筍皮寶貝地留下來，和取下的豬骨雞骨或邊肉煮成一鍋珍貴的白蘆筍皮排骨湯。每當看到此一情景總是十分感動或令人會心一笑，他們的巧思與節儉，他們的忠心和努力，讓我更加自我期許，要為他們創造更美好的未來。

"Bresse" Probe in Berlin

布列斯雞

法國人真有一套

*P*oulet de Bresse
布列斯雞

布列斯雞	一隻
鹽之花	少許
鹽、胡椒	

1. 將布列斯雞用鹽和胡椒調味後，入烤箱以 200 度烤熟。
2. 切塊盛盤後，佐以少許鹽之花則妙不可言矣。

台灣人愛吃雞,而愛吃的人總是懂得如何烹調、懂得怎麼吃!卯起來詳加研究如何養雞和育種,就是為了讓雞再好吃一點,當然啦,這種種考究,也必有傲人的成果。

在台灣不難吃到不同料理方式的雞,什麼甕仔雞、藥膳雞……口味繁多。而台灣人吃雞不但講究口感,還要有嚼勁,不只運動最多的部位如腿肉受歡迎,連充滿脂肪、烤來香噴噴的七里香(即雞屁股),也令人吃得不亦樂乎。甚至我還曾經聽人說,吃雞能使皮膚白皙又滑嫩呢!不得不承認台灣人不但要吃好東西,而且還要有一兼二顧的效果。我以前讀到有一份資料,其中列舉了好吃雞肉的五大標準:皮薄、骨小、肉細、味香,甚至要能在口中咀嚼六十下之後吞下,其香氣還能餘韻猶存。看,台灣人對吃的講究,直拚龜毛有餘的法國人。既然說到了法國,不免來聊聊法國的雞。法國也有一種號稱世界級的老饕雞——布列斯雞(Poulet de bresse),法國人對飼養和吃這雞的

講究,相信對雞情有獨鍾的台灣人,也會豎起大拇指來稱讚一番!

法國的頂級皇帝雞

為確保精準的產量和優秀的品質,法國人對一般動植作物有著嚴格的考究標準,對飼養或栽種物的地理、氣候、範圍、數量、大小、飼料等,都有一定的公式可循。布列斯雞原產於隆河－阿爾卑斯山區的布列斯小鎮,此地至今仍維持傳統飼養法,以飼育高品質的布列斯雞而聞名。高價值的布列斯雞的特色在於牠均勻遍布的脂肪(油花)含量,使其口感豐富細緻鮮美多汁。而飼養的標準也十分嚴格,須以小農場的方式經營,不但對土壤和糧食的選擇和供給,有一定的品質和標準外,足斤兩和屠宰的時間也須嚴格的控制。一旦冠上布列斯頭銜的禽類,則受到法國和歐洲法令的特別保護,這也是第一個於一九五七年起即獲得 AOC 認證的雞種。由於布列斯區的土壤屬黏土質,透水性低且潮溼,土質鬆軟肥沃,易於植物的

生長，也利於蚯蚓、小昆蟲的滋生，這就成了布列斯雞的最佳天然食場。想要飼養布列斯雞，得在自由放養草場活動九個星期，以便雞隻有足夠的運動量和自然的營養，再進入大約兩個星期共三次的增肥階段，養到約兩公斤左右的理想體重時才可宰殺。傳統的宰殺法在清除內臟後，是以布包裹起來吊掛在陰涼通風處風乾熟成，讓肉質的風味更臻完美。

由於生怕糟蹋這高檔雞的價值和美味，我從不曾把布列斯雞用來煮雞湯，但個人又非常喜歡喝雞湯，所以剛到歐洲想家時，總是想盡辦法去找隻雞來燉湯喝。可惜歐洲人養雞的技術與品種絕對比不上台灣人的精明（也許只有布列斯雞例外），左找右試就是無法找到一款有台灣味的雞！或許這也可能跟他們的飲食習慣有關，我們台灣人既愛喝雞湯也嗜嘗雞肉，除了注重湯頭的鮮美度，對雞的肉質更是挑剔，所以那些放山雞、土雞，不同品不同種的雞多到數不清，平常在台灣燉個湯，再差也要個半土

雞等級。但歐洲人的雞湯只取其湯，燉煮時去頭去腳還去皮，再加入大量的蔬菜，開蓋熬煮再過濾，以使湯頭清新芬芳、甘甜又爽口，與我們的濃郁香醇兼滋補的煲湯式燉法截然不同。由此可以猜想，他們在飼育雞隻的方法上也一定大異其趣了。最後只能說在歐洲實難找著像我們專門用來煲煮雞湯的雞種，聽了老移民們的經驗建議，最好就是取用他們認知用來燉湯的，下過很多蛋又老又韌的老母雞燉湯。為此，即使愛喝雞湯如我，居住歐洲時，也只好求其次的改喝我的排骨湯了。

懂法國菜的老饕們一定認同，一味的在牛羊肉上打轉實在太乏味了！真正的美味絕非牛羊而已，若還能有別的選項，奇珍異肉一定是我們的第一選擇，這是我選擇餐廳、點菜時不會忽略的重要參考，而且法國人擅烹野味更擅創意，烹調此類肉品時，用的心也特別多。愛吃布列斯禽類的我，若在菜單上找得到牠，那必是當然之選。若餐廳菜單上有這道菜，也會讓

對於老板的「豐」狂收藏很敬佩。

我認定這是家有程度的餐廳，必有好菜吃——想想，任誰也不會將動輒一兩千元的雞隨意放上菜單卻任意糟蹋。布列斯產的禽類肥嫩豐滿、大小適中，結實有彈性，多了一分馨香，少了腥羶，而且絕不像一般的肉雞肉質鬆散，乾柴無味又單調。我有幸嘗過不少星級大廚們創作的布列斯禽類料理，搭配烹調的也多為松露鵝肝等同等級高檔食材，且多以燒烤方式料理，以使其滋味更好。在這麼多布列斯雞的食經裡，我卻對里昂市一家小餐館的記憶特別深刻。

里昂的美食風情

里昂是法國重要的交通轉運站和樞紐，也是法國美食的重鎮。行經此處的旅客原本就多，有人甚至刻意路經於此，就為了趁著轉車時來頓好餐。長久下來，旅人們路經里昂的習慣，也造就了里昂特有的文化風情。在新里昂市的市中心有一家小小的餐廳，裝潢稱不上豪華，但十分講究，店內雞的裝飾品及擺設多不勝數，乍看之下，也許你會猜測這些都是店主人的嗜好收藏（但也未免太多），或是猜測這是一家「專賣雞肉料理」的餐廳。專賣雞肉？那可得要夠好吃才行！索性走近看看擺在門外小木燈箱裡的菜單，才知道原來這是一家專賣布列斯雞料理的餐廳。這專賣高品質，只有老饕才懂得享受的布列斯雞料理餐廳，店中央的牆上掛著一張引人注目的大照片，是這間店的當家主廚和料理祖師爺保羅包庫斯（Paul

Bocuse）（註）的合影，外加大師親筆簽名和推薦，相信光憑這點，就叫這家店的主人每天再辛苦勞累，也驕傲得做夢也會笑吧！想到我最愛的布列斯雞和這麼高調又有趣的餐廳，當下我就開始盤算起回程時來此大快朵頤的日期。一個星期後從波爾多回里昂，當晚我便迫不及待地趕來嘗鮮。被雞佔滿的大大餐廳裡，連個走動的空間都有限，但該有的桌數可也不算少。看著保羅大師的親簽海報，不禁想到在法國廚藝界地位舉足輕重的他，對捍衛里昂在美食界的地位居功厥偉。他將一生奉獻給里昂，不但以廚藝顯現里昂之美，更創辦廚藝學校作育英才，而今當紅傑出的三星大廚 Yannik Alenno，便是出自包大師的調教（但個人認為青出於藍更勝於藍）。這間小巧有趣的餐廳，能得到大師的肯定，必然具有一定的水準，真是令人期待。

祖師爺掛保證，果然美味

這晚我們參考廚師娘的推薦，先點

了一份雞肝凍醬和什錦拼盤做為開胃菜。一般的雞肝在我們的印象裡，因飼餵雜食或飼料的關係，總是帶有那麼點腥臭味，若不用重口味調理就不那麼容易入口，更何況是被製成肝醬。但用布列斯雞製作的雞肝醬，吃來不但鮮美滑嫩不腥羶，口感還出奇的好，讓我的擔心一瞬間化為烏有。

而後兩道豐富的主菜更是令人驚喜。一款是用奶油燜燒鴿腿，這野放跑跳又被充分伺候的布列斯鴿，肉質Q嫩適中，就算經過久燉，彈牙有口感的腿肉，反使得原本可能太濃膩的醬汁，表現得恰到好處；而另一款用紅酒燉燒的全雞，則有點布根地紅酒燜子雞的風味，作法是將雞肉先經過燒烤再燜燉，不但滋味更香更濃更有層次感外，也減少了燉煮的時間，使得肉質仍保有一定的彈性，不致過爛無趣。

餐後店家為了證明所用的肉確為布列斯省所產，還將拴在雞腳上的編號牌放在結帳碟中一起送上，除了供做

這就是包爺爺金獎。

紀念，亦可見這雞之珍貴。這兩款烹調、風味截然不同的料理，都將布列斯禽類表現得可圈可點，雖然不若星級大廚們慣常的高檔華麗，但這家平實的小店，卻保留了傳統料理布列斯雞最經典樸實的美妙風味，令人印象深刻。

不過，我個人更加偏愛布列斯乳鴿。鴿肉在料理上，除了更容易表現創意外，飽滿的肉質不乾不澀，不似軟嫩雞肉的嚼感彈牙，和那封藏在皮肉之間的鮮美多汁，總是我的不二之選。真的讓人不由得讚賞起布列斯人來，能驕傲的在傳統中把雞養得如此有學問，成為最優質的自然食材，不

論只是抹鹽燒烤嘗原味，還是經過大廚們的創意巧手增新奇，都能讓人吃出好食材的高級感和品味！

註：

　　法國料理祖師爺保羅包庫斯，生於一九二六年二月，現年高齡八十八歲，是一位投注畢生心力在法國料理上的偉大廚師，在料理界有教皇、祖師爺的美譽。其名聲不論在法國或全世界的料理界都舉足輕重。包爺爺自一九六五年起，就憑著高超的廚藝拿下米其林三星的榮耀，連續至今已是第四十七個年頭，這樣輝煌的成績，至今仍無人能出其右。包庫斯一生歷經了法國料理承先啟後的重要階段，從六〇年代發起的「法國大廚」新思潮運動，到七〇年代再創的「法國新料理」（La nouvelle cuisine）運動等，不管這些運動背後的評價如何，都動搖不了包爺爺在料理界的地位。從一九八七年起，很懂得行銷包裝自己的包庫斯爺爺，又成立了金包庫斯獎（Bocuse d'or），明著是為獎勵年輕料理新秀的絕佳舞台，事實上更是架高了包爺爺在料理界的不朽聲勢。Bocuse d'or是每兩年在里昂由包爺爺親辦的料理與甜點大賽，拔擢來自世界二十餘國的料理界傑出廚師，是法國料理界的重要盛事之一。

極品雞養成大不易

　　稱為加路斯（Gaullus）種的布列斯雞，有著獨特的紅冠、白色的羽毛和藍色的腳，紅白藍三色與法國國旗相呼應。而灰色的布爾格（Grise de Bourg）和黑色的盧翁（Noie de Louhan）品種也相當普遍，但目前法定的標準只允許白色的雞種才能被稱作「布列斯雞」。布列斯雞的肉色呈淡粉紅色調，皮質滑嫩細緻，大量食用玉米穀麥類和牛奶的混合飼料的結果，使得體內脂肪呈明顯的黃色，再加上迅速增肥的流程，其骨骼輕細但堅硬。一般的布列斯雞市價一公斤約在十五到二十一歐元左右。在聖誕節時才出產且還不易訂得到的極品肥母雞（Poularde de Bresse）或閹雞（Chapon de Bresse），鮮美多汁入口即化外，不但是限量供應，而且每隻的市價甚至高達數千元台幣。

　　只不過是隻雞，卻要如此大費周章的搞昏大家，也無怪乎滋味能如此難得出眾絕美了。更難怪，連知名的美食家薩瓦漢也被這雞降服，大讚其為「禽中之王」啊！

Phoebe 廚房無言的祕密

　　難搞的布列斯雞非但不易取得，惦其銀兩也不輕鬆。雖說如此，仍希望看倌們若有機會時必要一試。

　　對於新鮮美味的食材，我向來是以最簡易的方式調理，多次被朋友問及，為何被譽為醬汁女王的我，不大展醬汁之華與之匹配？我認為若能嘗得食物的原始美味才是上乘佳餚，添油加醋實在多餘。因此請大家必有這觀念；料理食物時當以食材的鮮度考量料理方法，以保持原味的鮮美為宜，不要做過多又不對味的醬料佐配或烹煮，否則也是暴殄天物而已！

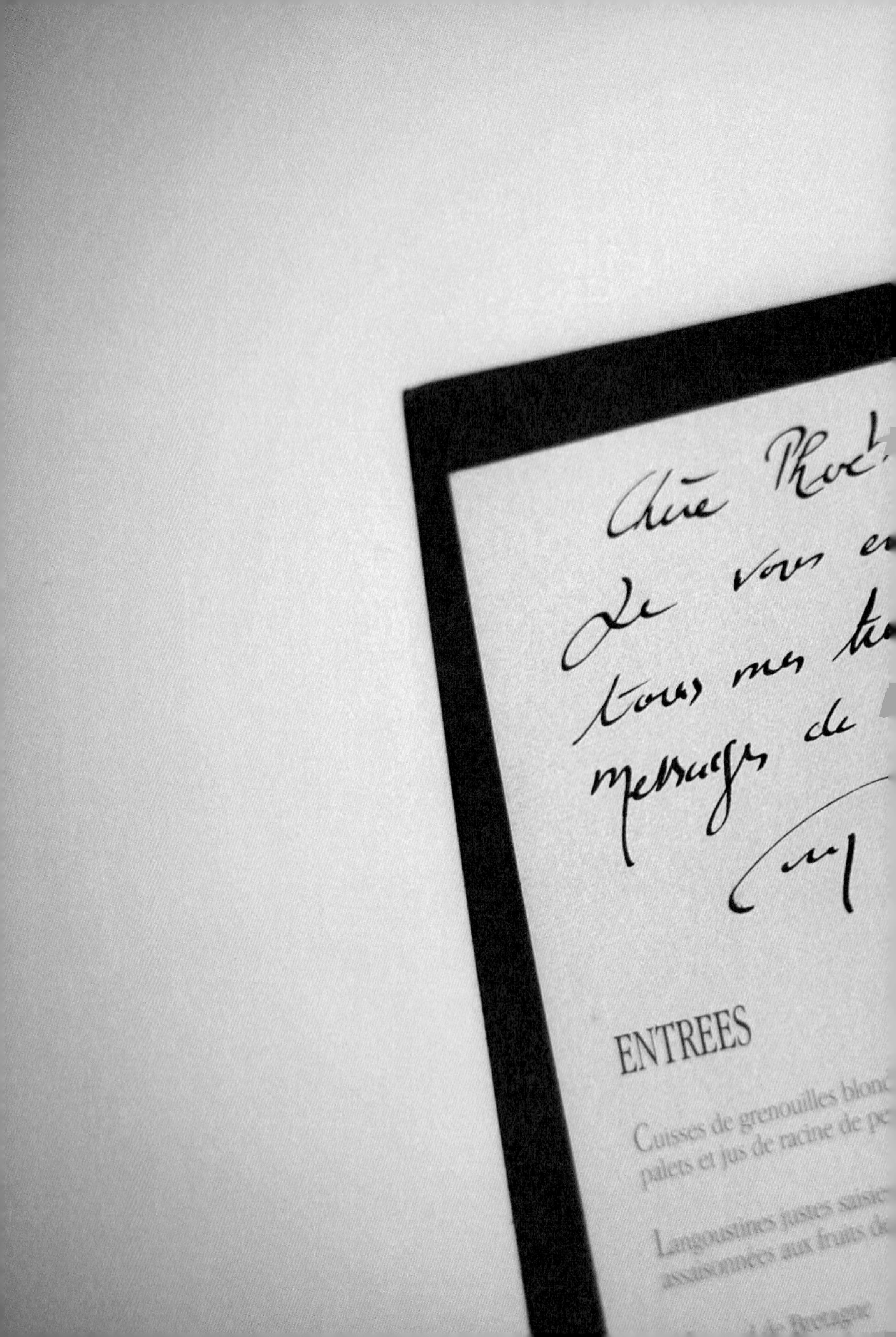

Chère Phoe...

Je vous e...

tous mes t...

messages de...

ENTREES

Cuisses de grenouilles blond...
palets et jus de racine de pe...

Langoustines rôties saisie...
assaisonnées aux fruits de...

...de Bretagne...

LA CARTE DU GRAND VEFOUR

GUY MARTIN VOUS PROPOSE...

POISSONS

Coquilles Saint-Jacques poêlées,
compressé et émulsion de radis

Turbot cuit meunière
lentins du chêne, jus parfumé au raifort

Filets de sole
délicatement pariés aux chanterelles,
câpres et fumet d'écrevisse

VIANDES

Filet d'agneau en croûte
les pieds dans un macar

Double côte de veau
fenouil cru et cuit,
(prix par personne

Canard croisé
céleri et poti
des kumquats

"Escargots"

布根地烤田螺

吃法國菜的第一課

Escargots de Bourgogne
布根地烤田螺

約為 6 人份的奶油醬

田螺肉（視人數而定）	這裡約 30 顆田螺
白酒	200c.c
鹽、胡椒	適量
有鹽奶油	300g
紅蔥頭（去皮）	20g
蒜頭（去皮）	30g
巴西利（只摘取綠葉部分）	70g
帕美善乾酪	適量
白蘭地	1 大匙
鹽、胡椒	

1. 先將有鹽奶油放在室溫充分軟化。
2. 使用調理機，將紅蔥頭、蒜頭放入略打，再加入巴西利打碎。
3. 拌入奶油、帕美善乾酪，最後放入白蘭地及鹽和胡椒調味，完成大蒜奶油醬的部分。
4. 另取一口深鍋，倒入螺肉和白酒，以大火煮沸後，中火再煮約 2~3 分鐘，略加鹽與胡椒調味後即離火，靜置約 1 小時，使其入味。
5. 螺肉放入特製烤盅內，放上田螺奶油以 250 度烤至焦黃即可。可佐以切片的法國麵包一起食用。

田螺就得這麼吃,但小心燙口!

很多很多年以前,對大多數的國人來說,「法式烤田螺」幾乎是大家唯一認識的法國菜,也是大多數人對法國菜的初體驗。而這田螺,說穿了就是每當下雨後會突然從泥地裡冒出來的蝸牛。很多人發現「田螺」就是「蝸牛」之後簡直無法相信,不少人也因此難以下嚥。

歷史悠久的開胃菜

布根地地區的蝸牛較一般蝸牛更為結實且大,因此口感上也較為 Q 彈有勁。說起這慢吞吞的傢伙,可食用的品種並不多,也沒有特殊的香氣,想必只產量過剩,才會被人當成食材。

但也可別小看了這不起眼的軟體動物,據說牠們還是歷史上最早被人類食用的動物之一呢!在羅馬時代便有專門飼養蝸牛的養殖場,被當成開胃菜或飯後小菜食用,而高盧人則將其當成點心。中世紀時因為它們生產成本低,蝸牛肉甚至取牛肉而代之,被

以油炸法、BBQ 或水煮法做成佳餚。又因有錢者和貴族們的食用量大,野生蝸牛又尋找不易,還需動用人力車馬偕同獵犬出外採集,讓當時蝸牛的身價一夜大增。十七世紀時,當時的法國首席御廚卡漢姆在款待俄國沙皇的國宴上,以蝸牛料理做為主角,此舉又讓蝸牛的地位向上攀升更多。

到了十九世紀初,「蝸牛」這玩意才慢慢地開始與布根地牽上關係,原因可能是當地料理蝸牛的方式獨樹一格,用奶油、蒜頭、巴西利香芹所製成的奶油醬,以及焗烤烹調的方式,深受大眾們的喜愛,因而讓蝸牛與布根地劃上了等號。

在台灣直到現在,仍有很多的西餐廳裡以台式的做法製作「法式烤田

螺」，承襲了一二十年前的黑胡椒醬或牛骨汁，再焗上些許乳酪，雖然稱不上道地，依然讓不少人吃得津津有味。這幾年隨著各式珍奇料理充斥台灣的餐飲市場，如今不敢嘗試田螺的人已經不多，因此當正統的布根地田螺（Escargots de Bourgogne）現身台灣餐飲界時，立即受到普羅大眾的喜愛。台灣人本就喜愛以蒜入菜，因此對這充滿了奶油蒜香的重口味接受度很高，「蝸牛」兩字在東西方無疑地已成為美食的代名詞。

蝸牛名店
L'Escargot Montrogeuoil 初體驗

前幾年，我在巴黎朋友的推薦下，造訪了巴黎著名的蝸牛料理名店，Montorgueil 大街上的 L'Escargot Montorgueil 餐廳。這間店位於龐畢度藝術中心附近，光是看到餐廳大門頂上一隻神氣活現的金色大蝸牛，以及古典華麗的百年裝潢設計，就讓人對這貌不驚人的小東西頓時肅然起敬了起來。

這家創於一八三二年的老店，以蝸牛的料理而聞名，菜單上最有名的三款招牌蝸牛料理，分別為咖哩、乳酪和傳統的大蒜香芹奶油醬口味。這天我們卯起來點了所有口味的綜合盤，咖哩口味特別，侯克福乳酪口味濃重，蒜香芹奶油口味辛香夠勁。

這家店菜單上不乏許多一般的傳統料理，但以蝸牛的料理為主推，它保持了百年來的裝潢，雖稍嫌老舊，但這裡不但是觀光客的朝聖地，也是老一輩本地人消磨時光的去處。這家店的顧客分成兩大類：第一類是仕紳名媛，穿著高雅、舉止謙恭，把這裡當成正式場合，盛裝出席享受美食：第二類即如我們一般的觀光客，慕蝸牛之名來此朝聖。席間有幾名日本來的客人，竊竊私語研究著菜單，生澀地試著使用蝸牛夾，行為謹慎、覷覷有趣，讓我想起電影《麻雀變鳳凰》中，一夕之間躋身上流社會的女主角吃蝸牛時的糗事——面對從沒見過的蝸牛夾，會出這種糗，一點也不稀奇。

塞在殼裡的田螺，還有精緻的銀烤盤。

　　這幾年法國菜在台灣餐飲市場上大受歡迎，喜好者趨之若鶩。愈來愈多美味新奇又高檔的法國菜上桌後，這道「烤田螺」已經快被人遺忘。當年每到餐廳必點，欲罷不能、吃不過癮續了還要再續的盛況，似乎已不復見，想要重溫當年的幸福滋味，還得要商請熟識的主廚或店家特別製作了。還記得幾年前南部農民將進口的白色大蝸牛養殖成功，美譽為「白玉蝸牛」，其體型較一般蝸牛大很多，顏色也不若一般蝸牛灰黑沉沉，而有著象牙白般的討喜色澤，且口感稍韌，嚼勁有如鮑魚，與一般消費者熟知的蝸牛大大不同。白玉蝸牛搶攻餐飲市場之初確獲好評，不論中餐或西式皆容易調理，我也曾經特別為其設計了一款美味醬汁搭配，但隨著風潮漸逝，連這美麗的白玉蝸牛也銷聲匿跡了。

　　還好蝸牛至今仍是布根地地區的名菜，是當地每一家餐廳裡必備的佳餚，若您哪天有機會到訪布根地，別忘了點上一盅道地原味來好好比較品味囉。

法國餐廳中的田螺

　　野生的成年蝸牛直徑約為四至五公分，體大且肉質極富彈性，平均壽命約為十年。由於需求量日增，有時連法國當地的養殖業都供不應求，必須由中歐或土耳其等地進口（目前台灣市面上以印尼產的蝸牛肉為大宗）。在高級餐廳裡點用這道菜時通常連著殼，並以鐵製或陶製凹型盅盛裝，賣相豪華特殊，放入高溫烤箱烤得焦香，出爐時還會伴著滋滋的油爆聲。每盅以半打六顆為量，吃時用形似我的睫毛夾的蝸牛夾鉗住外殼，再以兩叉的蝸牛叉挑出蝸牛肉食用，佐以撕成小塊的麵包，沾食滾熱焦香的奶油醬汁，這香濃的滋味，足以讓人忘情吃下大半條法國麵包。除了小心燙口外，也得留意那令人一不留神暴增的體重。

　　很多餐廳會以蝸牛殼當成容器上菜，看起來確實高雅美觀，但這殼並非蝸牛原生，而是另購再將螺肉塞入。若要重複使用，清潔工夫不可少，但曲折的螺紋並不易清洗，奶油醬汁也增加不少清潔難度，因此我個人仍偏愛以烤盅直接盛裝螺肉焗烤。

Phoebe 廚房無言的祕密

　　螺肉雖提供了應有的口感，卻不若蛤蜊貝類鮮甜，這美味香濃的奶油醬，才是這道料理的靈魂，在我教學多年的烹飪班裡，我甚至改用淡菜取代田螺，風味更佳！本篇提供的食譜是我從自創店「芙蘿」開始就一直深受客人喜愛的田螺配方，布根地的原配方是不必加入帕美善乾酪的，但我小改了這個部分，因為加了乾酪之後更增風味與美味！你可自由取捨。

布根地的紅酒燉牛肉

沉醉在布根地紅酒中的傳奇美味

Boeuf Bourguignon
布根地的紅酒燉牛肉

6 人份

牛肩肉（切塊）	1kg
牛上臀肉（切塊）	500g
布根地紅酒	750c.c
紅酒醋	150c.c
蒜頭（大）	3 瓣
香料束（百里香、巴西利梗等）	1 束
洋蔥（切塊）	1 個
丁香粒（直接插在洋蔥上）	5 粒
紅蘿蔔（切塊）	1 個
蘑菇	200g
奶油	70g
紅蔥頭（去皮切碎）	80g
培根（絲）	200g
麵粉	2.5 大匙
牛高湯	200c.c.
巴西利香菜（剁碎）	適量
鹽、胡椒	適量

1. 將牛肉、蒜頭和香料束及所有根莖蔬菜類都放入一個大缽中，加入紅酒、紅酒醋拌勻，包上保鮮膜放入冰箱冷藏一夜。

2. 烤箱事先以 160 度預熱。將牛肉取出瀝乾水分。用奶油煎香培根紅蔥頭，再依序加入牛肉、洋蔥、紅蘿蔔、蘑菇、香料束等小火煎至焦黃，後離火並加入麵粉拌勻，直到完全附著看不到粉末。

3 最後將醃泡牛肉的紅酒汁一起倒入鍋中，再加入牛高湯可以燜烤或燉煮的方式煮約兩個鐘頭直到肉軟為止（此時可將香料束撈出丟棄），最後再撒入巴西利香菜，鹽、胡椒調味後即完成。

我曾多次在台灣吃到不道地的紅酒燉牛肉，作法就只是直接在燉牛肉中加入紅酒烹煮而已，上菜時整盤子菜稀稀水水，與傳統的烹調方式差了很多，當然，口感風味也就千里之遙。

來自布根地的名菜

對高級牛羊肉品的料理，在法國多以排餐的方式烹調，牛排煎至三分熟（saignant）或五六分熟（a point），吃全熟（bien cuit）的人很是少見。肉排搭配醬汁或佐以特殊食材，如精緻豪華的羅西尼牛排是以松露入醬汁，或再加上一片煎得焦黃香酥的鮮鵝肝，即成這道名菜佳餚的賣點。

不過，肉排成本實在很高，為了降低成本或處理邊肉類的肉品，燉煮法烹調的肉類料理也常見於法國餐桌，尤以媽媽們精打細算的家常料理，或是小餐館裡的簡餐類居多。雖然燉煮法成本較低，但仍不乏經典名菜，如這道布根地紅酒燉牛肉（Boeuf Bourguignon），或另一名菜紅酒燉子雞（Coq au vin），皆因使用的是名聲響亮的布根地紅酒，而讓這燉菜的風味更高雅，也因此奠定了經典名菜的歷史地位。善用大自然和地理條件，製作出具有當地特色的料理是人類的天賦，產品與人類不但互相依存，此外產品也為深具地方特色而馳名，同時帶來了更廣大的商機和地方繁榮，法國人可說精通這種藝術。

這道布根地的名菜，必定要使用布根地的紅酒才道地。不過布根地的紅酒產量有限，價格也不低，這也就是它會出現在高級餐廳菜單上的主因。記得第一次嘗這道菜，是在普羅旺斯傑哈老師的餐廳裡，當日上午我們照例到屠宰場，挑選了適合燉煮的現宰牛肩肉，也混合了些牛上臀部的肉以增添肥腴嫩滑的口感，再加入大量的根莖類蔬菜一起燉煮。這是道口味豐厚濃郁的料理，初到法國的時候，我對這麼重口味的菜接受度很低，畢竟這十幾年以來，台灣的飲食文化上對天然食材的選擇和有機養生的概念漸長，逐漸走向低油低鹽低糖分的健康

飲食路線。不過,尤其在法國南部地中海區,料理方式和口味都偏向厚重,對於已習慣輕食主義的我來說,可說經歷了一段適應期。

名菜今與昔

被詩人們譽為美食美酒天堂的布根地,因盛產優質葡萄而成為著名的酒區,也因此,此地許多知名料理都與酒脫離不了關係。這道菜在法國餐廳十分普遍,不只小館幾乎必備,就連我曾學習過的米其林星級餐廳菜單中,也可見到其身影(但多供應在午餐)。我曾驚見過一個大鐵蓋密封的巨大鋼槽內(大小像一座小型的蓄水池),醃泡著大量的牛肉、紅酒和蔬菜等材料,就是為了做這道菜。廚師們不時得在鋼槽內添加原料,保持一定比例的存量,不但是該店的重要午餐菜,更可直接提供為員工伙食,十分方便。

正統的布根地紅酒燉牛肉,是在牛肉裡塞入肥豬肉、插上丁香粒,再連

同洋蔥、胡蘿蔔等根莖類蔬菜及香料,浸在紅酒中一至兩天的時間,待入味後,先以奶油將所有材料拌炒後再進行燉煮,以小火燜燉個把鐘頭至熟爛。這充滿著濃濃酒香及微澀單寧口感的燉肉,美味香濃有滿足感。每當我想念起這道菜時,不是自己備上料燉上一鍋,就是找家道地的餐廳點上一份,搭配著手工的義大利寬麵或就著蒸熟的馬鈴薯,再點杯紅酒,透過味覺的記憶,就能再次經歷那次美食之旅。

吃就要吃最好吃的,學就要學得地道,現在就來動手做這道久聞多時的傳統料理吧。

Boeuf Bourguignon

　　台灣的酒料理很多，而法國菜也同樣慣以酒入菜或烘焙。紅酒燉牛肉這道菜的法文名稱為 Boeuf Bourguignon，Boeuf 是牛肉，Bourguignon 是布根地。這道菜就如我們的東坡肉一般，因為傳統名菜所以人人皆知。寫到此處忽然發現，法國人多用地名（因特產明顯，如諾曼地蘋果塔、尼斯沙拉）為料理名或菜名。而中式則常用人名（如左宗棠雞、東坡肉以為紀念）或料理法取名（如三杯雞、青椒炒牛肉），還真有趣呢。

　　這道菜有時候會因牛肉部位而顯得有點油膩，而我相信大家也經常對菜上的浮油浮渣傷透腦筋。其實很簡單，只須在其稍涼後完整在食物上緊覆上保鮮膜，待其冷卻或冷藏後，渣油自然附著，再整片撕下丟棄便可，立即大享美食又沒負擔。

Phoebe 廚房無言的祕密

這道菜的作法並不難，也不是容易製作失敗的料理。要訣如下：
1. 肥瘦肉混合使用是讓口感較溫潤油滑。
2. 最主要的風味則來自添加的「紅酒醋」，這是我個人認為其美味的最祕密關鍵，也是一般餐廳或食譜上經常忽略之處。若少了這項材料，就會使得這道菜的風味表現平平。
3. 炒料完成後必須熄火（或離火）拌入麵粉，這個步驟也相當重要。包覆麵粉可使得肉不至於嚴重縮小和乾柴並使得湯汁濃稠，猶如中式勾芡效果，且讓整道菜風味更融為一體。這時「熄火」或「離火」的動作十分重要，否則容易燒焦。

布列塔尼人的驕傲

來自布列塔尼的可麗餅

Crêpes Suzette
經典香橙醬汁可麗餅

6 人份

可麗餅麵糊

低筋麵粉	150g
牛奶	250cc
蛋	2 個
鹽	少許
糖	125g
融化無鹽奶油	50g

柳橙醬汁

白蘭地	60cc
君度橙酒	60cc
柳橙汁	250cc
柳橙（皮末）	1 個
糖	125g
無鹽奶油	50g

1. 將麵粉過篩後放入攪拌盆內，中間挖出一個凹槽。

2. 將蛋、鹽和糖放入凹槽中，用攪拌器慢慢將蛋打散，再與鹽糖充分混勻，並加入融化後的奶油拌勻。

3. 利用離心原理，將蛋糊等慢慢的與周圍的麵粉一點點的混合，攪拌均勻成糊狀，再慢慢加入一半的牛奶，與周圍的麵粉拌勻，接著再加入另一半的牛奶全部混合均勻。

4. 用濾網過濾掉麵糊渣，覆蓋保鮮膜，放入冷藏靜置 1~2 小時。

5. 加熱平底鍋，刷上薄薄的一層油，舀入一匙麵糊並讓麵糊均勻散開，以中火煎至焦黃後迅速翻面再煎，後取出放在網架上放冷。

6. 將白蘭地與君度橙酒放入醬汁鍋中加熱，揮發掉酒精成分留下酒香。將柳橙汁加入大火煮沸後，繼續小火濃縮至一半的量。

7. 加入柳橙皮末煮軟後加糖拌勻，起鍋前再加進奶油混合均勻。

過去我對可麗餅的印象，總是停留在百貨超市美食街或夜市路邊攤，認為它就只是夾著五顏六色廉價餡料的甜膩小吃。要不然就是另外一個極端，在高級飯店西餐廳裡，餐後的一段桌邊料理「火焰橙汁薄餅」（Crêpes Suzette）秀。一直到後來鑽研法國料理的這些年，我才了解到這薄薄的一張餅，歷史、學問可不只如此！

前幾年我聽說台北開了家法國薄餅店，是由三名來自布列塔尼的男子共同經營的道地口味，便與法國友人相約一起品嘗鑑賞。老闆史蒂芬是一個熱情聰明的法國人，他很以自己的故鄉布列塔尼自豪，為了表現對傳統原味的堅持，從杯具餐點到裝潢，全從家鄉空運而來，濃厚的表現出布列塔尼的風情，且口味上完全迥異於我對一般可麗餅的粗淺印象。自此之後，這兒便成了我與法國友人們拚薄餅和想家的地方。這好吃的薄餅，可以讓我們每一個人鹹甜不拘的一張又一張吃下肚，連吞三四張餅的戰績也不算稀奇！因此，隔年在我的法國遊習計畫中，也就順理成章的將布列塔尼島列入了行程之中。

邊吃邊玩遍嘗美食

我們一群人開車從巴黎出發，一路朝著西北角前進，沿岸濱海的美景，加上初秋恬適的氣候，開車旅行真是令人暢快。一路上我們興致盎然地談論著布島的悠長歷史與轉變，也免不了聊到我們對美食的熱情，當我聊到在台北大啖薄餅的豪情，簡直令大家瞠目結舌。咱們台灣人不僅懂吃，對吃也絕對有足夠的本錢、時間、精力，這點頗令我引以自豪。

布列塔尼之前必要途經諾曼第，而之間最膾炙人口的是美麗又傳奇的聖米榭爾山（Mont Saint-Michel），相傳在西元八世初，阿弗宏許區的歐貝爾主教在睡夢中見到了總領天使聖米榭爾，天使指示他必須在海岸外，用剛被海水推送上來的一堆岩石上面興建祈禱所，並奉聖米榭爾為該修道院的守護天使。起初，歐貝爾主教以為

國民速美食的薄餅，到哪都吃得到。

這只是夢境而不以為意，更遑論要在海上興建教堂的無稽夢想。直到天使失去耐心，在第三次顯現於歐貝爾夢中時，用手指在他的腦門上戳出了一個凹洞（據說這個印記從此永遠留在歐貝爾的頭上），歐貝爾才恍然大悟，趕緊著手動工。

長年處在一片霧氣迷濛、波濤洶湧沙地上的聖米榭爾山，潮水退去時就彷彿沙地上兀自樹立的一座山城，連接著綿延的長堤。漲潮時，三面包圍的海水，又讓這小城像是一座孤島。長堤是連接小島與陸地的僅有通道，這座小城就這樣游走在「陸地」和「海島」兩種樣貌之間，反覆輪迴了千年之久。

傳奇美景歸傳奇，但更吸引我的是當地的著名美食，此處與山齊名的還有引人垂涎的布拉媽媽烘蛋捲（La Mere Poulard）。早年聖米榭爾山只是個荒涼而乏人問津之地，為因應行經此處的商旅需求，出現了一些小餐館和旅店，而布拉媽媽做的簡易方便

又迅速的烘蛋捲，不但溫暖了過客長程奔波又疲憊的心，也為自己打開了名揚千里的商機。

既然行經此地，當然不能錯過布拉蛋捲餐廳，我們不但品嘗了這道馳名的美食，還特別要求店家讓我參觀製作蛋捲的過程。這不但讓我對這道重量級名菜有了進一步的認識，更讓我佩服他們講究又吃重的製作工法。烘製蛋捲的要訣在於打蛋的工夫，必須打到蛋汁綿細起泡，才能創造出這細緻鬆嫩的口感。除此之外，使用巨型傳統的大黃銅鍋，以及加入大量的奶油烘製，亦是使其香氣濃郁齒頰留香不可或缺的製作要訣。尤其不得不提的是那巨大又笨重的大黃銅鍋，操作起來極需臂力和耐心，看過這繁複的製作過程之後，我可是懷著感恩的心來品嘗這份愛心料理呢。

來到可麗餅的故鄉

接著我們驅車繼續前往目的地布列塔尼。原先我根據來自書上的刻板印象，以為這兒的居民仍過著傳統的天主教及島民生活。結果並不盡然，這裡雖保留了傳統的歷史風情，但也同時兼具現代感和時尚感，樣貌多變且各異其趣，是一處連巴黎人都夢寐以求想要移居的地方，聽說這裡的房價已直逼巴黎，就連我也有股想定居於此的衝動呢。

我們選在首府漢恩（Rennes）歇了腳。光是掃街參觀就花上了大半天，在迂迴又充滿古味的巷弄中，欣賞著排列整齊的傳統木條屋，以及造型顏色均充滿當地色彩的招牌設計，在在讓人興奮不已，彷彿有挖不完的寶藏。研究半晌之後，我們開始進攻滿街充斥的薄餅店，打算天天換嘗不同的餐廳，品嘗不同的口味。吃了兩天薄餅之後，我發現法國人仍嗜食傳統單純的原味，享受薄餅的原始麵香，就算沾裹配料或醬汁，也僅是點到為

止，不追求花俏。而我呢，則像在台北時一般愛嘗新求變，把我認為所有美味的元素，來個加減乘除量身訂作。同行的法國友人們雖然看得霧煞煞，淺嘗後又不得不稱讚好吃。這也許就是薄餅的魅力和魔力——隨著心情任意變化組合。輕巧美味也好，華麗複雜也行，不論如何幻化都很法國。別小看這小小的薄餅，它跟星級餐廳桌上的高貴料理相比，這平民美點可一點也不遜色！

不分貴賤薄餅屹立不搖

話說這平凡無奇薄薄的一張雞蛋牛奶餅，能在法國高貴美食的環伺下屹立幾世紀，且在各地都可見到它的蹤跡，其魅力著實讓人不得小覷。

當然，想吃到最美味正宗的薄餅，就必須來到發源地布列塔尼。自十二、三世紀以來，島上居民無分貴賤都以此餅做為日常主食。當年因十字軍東征將蕎麥帶回法國，並成功地栽植到這寸草難生的布列塔尼島，讓

此地窮苦的居民得以餬口，也意外發展出了這難得的美食。當時農民把量少而珍貴的小麥拿到市場販售維持生計，而把粗糙的蕎麥、黑麥留下來自己食用，由於蕎麥、黑麥發酵不易，只好做成不須發酵的薄餅，進而取代了傳統的麵包，因此亦有「窮人的麵包」之稱。

走在布列塔尼的街上，到處都是傳統而又有特色的薄餅店。去到此地，你要像享用法國大餐一般，毫不馬虎的細讀那一長串的菜單，挑選出自己喜歡或想試嘗的口味。先把鹹餅當主食，再來份甜餅當甜點，並且使用當地傳統紅白相間的酒杯，來杯布列塔尼特產，充滿蘋果香氣的爽口蘋果酒，就是一頓完美豐盛的三星級的布列塔尼薄餅大餐囉！

嫻熟又優雅是法國人的工作態度。

可麗餅小常識

可麗餅起初雖是宗教節日的食物，現在卻已成為全年性家喻戶曉的料理。早期，可麗餅是在陶製的大圓盤或石板上製作，到中世紀時才由鐵製圓形或橢圓形的平底鍋（Bilig）所取代，法文原意為 Galet 是為卵石之意。

甜餅以小麥麵粉為底配上甜餡，稱做可麗餅（Crêpe），可搭配巧克力、漿果、甜烈酒、鮮奶油及冰淇淋等，當甜點食用；而鹹餅以黑麥麵粉為底，配以鹹餡如火腿、乳酪、雞蛋、燻鮭魚等，稱為 Galette。亦可搭配以內臟製成的血腸（Andouille）食用，血腸色澤暗紅口味濃重，初嘗不易入口，但越嚼越香，也是台灣不易嘗到的傳統口味。

Phoebe 廚房無言的祕密

在歐洲各地都不難嘗得薄餅料理，但相較之下，仍得稱讚法國人懂得做餅的技巧和配方。這餅做來要薄脆，但不酥脆易碎；要軟嫩，但不能筋度太過如橡皮。所以攪和蛋麵汁液的力道（最好使用一般打蛋器輕拌，並力求粉末徹底的融合不殘存顆粒，以免破壞口感）與適當的材料比例（製做薄餅的麵粉比重不能高，且須以低筋麵粉減其筋度，才能製成輕薄脆的口感，且攪拌時絕對切記勿過度用力造成筋度彈性）成了製作美味薄餅的最大關鍵。夾餡的多寡亦須恰當，過多的餡料易讓人膩口，且會遮蓋麵餅的獨有香味。

文中提到原位在安和路巷內，我很喜歡的布列塔尼薄餅店，已在幾年前因故歇了業，讓我們大嘆可惜。還好現在天母也有家不錯的「法蕾」薄餅店，是我常去打牙祭的好地方。建議您有空不妨自己動動手，或是去試試正宗的薄餅滋味吧。

~ huîtres ~ Phoebe un
Berlin ~01~

布列塔尼河口的生蠔

自然天成的美味是上天的贈禮

$\mathcal{H}$uître

布列塔尼河口的生蠔

如此美味之於我，直接生食吧！最多佐以些許鹽之花或檸檬汁。

紅酒醋汁或檸檬汁皆為去腥味，而真的「生」蠔只有鮮味沒有腥味，不想搶掉它的鮮，自不必添油加醋破壞了自然原味，但喜好均因人而定囉！

1. 為生蠔開殼前千萬不可過度清洗，在海水滋養下的生蠔不致太髒，千萬別因過度的晃動讓殼內的海水流失。

2. 再來準備一條乾淨的抹布防滑，和一把開生蠔專用刀。一手緊握生蠔，另一手持生蠔刀自邊緣處插入，自內韌帶及閉殼肌處下刀切斷，再將蠔殼小心打開盛盤即可。

3. 但現捕的淡菜則剛好相反，淡菜嘴裡總是吃進些小蝦海草或浮游生物，且常有些小貝類寄生在它殼上，為求美觀衛生，食用前必戴上手套以鐵刷刷洗，並將嘴中髒物取出清潔，但若是已成包裝品或冷凍品則不須有此擔心。

聽人說「布列塔尼」已經儼然由地名變成了物產名詞,為何會有這種演變,只有去了才能明白。相信你一定也跟我一樣的好奇,那麼就跟著我來一窺究竟吧。

在布列塔尼享受當令海鮮

吃了兩天的薄餅後,我們繼續北行,沿著海岸,一邊賞景一邊尋覓當地另一美味物產——生蠔。我曾在書上讀到,法國一半以上的豬肉、雞肉,以及百分之三十的牛奶都產自布列塔尼,這數據令人驚訝。更令人稱奇的是布列塔尼的豐富海洋資源,據說此處是全法國最大的海鮮供應地,尤其以生蠔最享盛名。沿著布島的海岸線,我們欣賞了截然不同的地理風貌,文化和建築也隨著歷史和時空的變化,轉換著不同的樣貌。聽說近來也有不少來自世界各地的富人置產於此,可從沿海而建的豪華房舍看出端倪。前晚我們停駐在某個觀光海港,餐廳裡擠滿人潮,只為一嘗布島的道地海味,當然最吸引人的還有價錢——這裡的物價相較於巴黎實在輕鬆太多。不過既然我們是一群嗜吃法國海鮮的饕客,遙遙一趟行程當然也就不必考慮太多,把握當下享受美食的機會才是最上策。

入秋後生蠔盛產,豐腴肥美膏脂甘甜且厚,是吃蠔的絕佳時機。但此季起溫差漸大,靠海的地方更顯得涼,若不隨時增減衣物,旅途中傷風就傷神了!跟著法國友人上館子,友人又是老饕,挑餐廳讀菜單絕對是件餐前大事。飄著微風細雨的落日時分,我們一行人從街頭晃到巷尾,比較價錢、裝潢、貨色、座客率,並且再三研究菜單,好不容易的挑了家館子歇了下來(這番挑剔等級,跟決定婚姻大事真差沒好幾),侍者送上了菜單,照例點了杯 Kir 開胃,繼續埋首研究菜色。在這種特別的地方,可別點些什麼不屬於當地特產的東西,免得還要擔心品質與價格。

先點了一碗暖胃魚湯(Soupe de Poisson),為了確定品質,我還事前

想在法國餐廳喝碗湯的選擇越來越少了。

詢問過女侍，她掛保證是鎮店招牌之
一，我才放心點下。記得第一次嘗到
鮮美的魚湯，是在巴黎巴士底附近的
一家餐廳，當時我經常路過此店，每
逢用餐時間總見座客滿滿，讓我的好
奇心蠢蠢欲動。某日晚餐時分，抽空
步行前來，果然是家好店，湯太絕妙
餐也好吃，價錢合理服務也不差，難
怪天天座無虛席，也難怪法國友人總
是力薦我必試這款湯，結果不得了的
從此愛上了它，凡有機會絕不放過。
之後在普羅旺斯跟著老師學會了這道
菜，也分別在自己的餐廳和宴客時大
展其藝，均獲好評。這道湯除了要用
到大量魚鮮外，最重要的還得用上全
世界最昂貴的香料番紅花 (Saffron)，
才能做出這獨特的好口味！佐湯的配
料還需要蒜黃奶油醬（Aöli）和愛曼

達乳酪（Emmental），寒冬時節若能
嘗得此湯，立即寒意全消安慰心扉，
所以絕對是我的必點佳餚之一。

加量皇家海鮮盤上場

心滿意足的喝了大半碗湯，縱然不
捨剩下，但還是得留點空間給今日的
主角：加量級的「皇家海鮮盤」，而
這所加的量便是當地有名又鮮又肥
的大生蠔。此時我們啜著布根地的
Chablis 冰白酒，慢慢享受著大盤中
的鮮蠔蟹蝦螺，手忙腳亂的沒時間互
相搭話——美食當前從來無話好說！

我個人習慣上會將已蒸熟的蝦螺蟹
蘸著蒜黃奶油醬吃，蒜黃奶油醬本不
是海鮮盤的配盤醬料，但本人對常搭
配海鮮盤的美乃滋並不偏愛，所以總
須現場詢問服務生，請他們另外贈
送。生食部分，法國人多佐配紅酒油
醋汁，而我大多只嘗原鮮味，或擠上
些許鮮檸汁或海鹽。事實上，食物本
身的鮮美已夠精采完美，醬汁實為多
餘。

多數的法國人嗜食生蠔成性。每人平均食用量亦居世界之冠，完全因為它鮮美難敵的滋味和在歷史上的傳奇傳說。據傳生蠔有增強精力的功效（尤指性能力），自古以來便為王宮貴族們青睞，動輒以百為單位食之，據聞法王亨利四世，就曾一餐吃上個數百顆，實難令人想像。

造訪生蠔養殖產地

養殖生蠔是件辛苦的工作，大部分都仰賴人工進行，養殖期又長（至少三年），且需悉心照料，每日須隨著潮漲和潮落的起伏，而有不同的工作，不時還需翻轉養殖籠，工作既艱辛又危險。

隔天回程的路上我極力爭取繞道，造訪了孔卡勒（Cancale）和聖馬婁（St.Malo），都是出了名的生蠔產區，也是我愛吃的貝隆生蠔的家。為參觀沿海的生蠔養殖場，大夥捲起褲管脫了鞋子，赤著腳踩在軟軟溼爛的沼地裡往較深海處前進，除了一籠籠的生蠔之外，再遠處，還有我愛吃的淡菜，一網袋一網袋地掛在木樁上，既採大自然養殖法，又利於收成之便。愈走腳陷得愈深，幾乎連拔腿都難，遠處的落日與迎面陣陣吹拂的海風，空氣裡夾雜著鹹鹹的海水味和鮮鮮的生蠔香，這便是蠔民們工作的寫照，也是我一生中難得再有的可貴經驗。日後在餐廳每當為客人們打開一只只鮮美的生蠔，肥滿的蠔肉還浸在殼中的海水裡，而籃裡美麗珠鍊形的黑色海草，則是保其生命與鮮度之用，支撐著籃中蠔兒們不至於因為歪倒而無法獲得充足的海水。這些，總是令我不禁又懷念起那美麗的布列塔尼海岸。

參觀完生蠔養殖之後，吃蠔的時間到囉！我們隨著大批的旅客，一同擠到岸邊一整區的生蠔路邊攤上，挑選了三四款不同品種，加起來一盤三十六顆的鮮美現採蠔兒，折合台幣也不過千元左右，光這超值價位，就覺得不虛此行了，更別說是我最愛的貝隆生蠔呢！

難得在法國有如此豪邁的吃法，我不客氣囉！

雖說路邊攤的生蠔不若餐廳級的美觀碩大又豐滿，但在口味上絕對是完美無缺的。店家以嫻熟的身手當場表演開殼絕技，再送上檸檬、叉子，大家端著盤子往堤防邊上席地而坐，大快朵頤了起來，此時的唯一遺憾是獨缺一杯白酒！難得見法國人吃食如此瀟灑粗獷，將吃完了的蠔殼逕自丟棄在岸邊，化為成千上萬蠔石沙灘的一部分，不失為一種豪放野趣，也成為當地特殊的「地理」景觀。

能遠去生蠔產地布列塔尼大啖海鮮，可不是件經常可為的事。所幸在巴黎也有不少可讓我大吃生蠔海鮮之處。香榭大道上標榜布列塔尼海鮮的那家餐廳雖名氣驚人，但專做觀光客生意且價錢又高，絕對非我所愛。我最愛又常光顧的還是在里昂車站對面，一家可容納五六百人的餐廳，這裡整天座無虛席又不打烊，價格雖也不俗，但品質穩定鮮美，不但海鮮好吃，就連一般傳統料理都可圈可點，實在是布列塔尼以外的首選之處。

不能不提——鹽之花

既然談到了布列塔尼，就不能不提到此地特產，也很厲害的鹽之花（Fleur de Sel）啦。

由於我對鹽之花情有獨鍾，因此多年前，當廠商將其引進國內後，我便大大的力薦給客人們享用。這來自葛宏德（Guérande）的神奇海鹽，位於布列塔尼南岸，近羅亞爾河的出口處，是全歐最北的海鹽場。由於氣候溫和，尤其是夏季炎熱乾燥、日照充

足,加上強勁的季風,利於水分的蒸
發,是絕佳的天然鹽場。

鹽是人類維持生命的必需品之一。
遠古時期便有以火煮海水或鹹泉水的
方式取鹽的技巧,之後羅馬人利用日
照蒸發鹽水的方式,降低取鹽的成
本,約在九世紀時,才開始了類似今
日的製鹽的技術,利用太陽和風力蒸
發水分結晶成鹽。 現今布列塔尼地
區仍存有數個卡洛琳王朝時的鹽場,
延續了千年的產鹽技術和歷史。

葛宏德的鹽產不論是一般的粗鹽或
鹽之花,味道及內含物均與其他產區
的海鹽不同。因為氣候與環境的關
係,此區的海鹽含水分較高,氯化鈉
的含量較一般的鹽為少,但礦物質的
含量卻特別的多,鹽的結晶也比一般
小,色呈灰白。鹽之花的結晶體呈倒
三角狀,飄浮在海水表面,因沒與岩
土混淆,故顏色純白。 雖需特別的
生產技術,但製作過程完全不摻入任
何添加物,採收後亦不精製不清洗,
完全保留原味,因而比其他產區的鹽

成分更豐富。

鹽之花的口感還真的跟一般的精
鹽,甚至海鹽有著大大的不同。鹽之
花的顆粒較粗,但將它撒在熱食上
時,就會立即讓食物產生了奇妙的變
化,不但別有風味,而且不會嘗到一
般鹽的死鹹感,淡淡的優雅為食物大
大加分。而鹽之花也不單單只是用在
料理上,法國甜點大師 Pierre Herme
則常將它入點心烘焙,一款知名的鹽
之花餅乾,就完全將鹽之花的妙用全
現,不但提升了黑巧克力或原味的奶
香,鹽粒在口中的奇妙感也是一絕,
是本人很愛吃也很愛製作的一款特別
的法國點心。且葛宏德的鹽之花含有
豐富胡蘿蔔素的特殊菌體,據說會散
發出一股淡淡的紫羅蘭香氣,特別受
到大廚們及美食家的推崇。且用法與
一般的鹽不同,多建議不要直接烹
煮,而是在起鍋前或上盤時才佐配食
用,如剛煎好的鵝肝或牛排,或一只
新鮮的水煮蛋,只需直接撒上些許鹽
之花,便可藉由熱氣將其迷人的香味
逼出,顯見它的奇妙。鹽之花的口感

在巴黎隨便一間海鮮店就上百席。
看看這讓人大呼過癮的皇家海鮮盤。

比一般的海鹽柔順且更有層次感，實
有畫龍點睛的效果。我已習慣用餐佐
配鹽之花，不論在餐廳或家裡，那種
「舌粲鹽花」的美味，只有試過的人
才知道！

不負物產之都美名

　　到此大家跟我一樣終可明瞭，為何

布列塔尼已被封號為物產之都了吧！
實在因為此地暗藏太多原礦物產及美
食佳餚。在回程的途中還刻意停歇鄰
近的知名小鎮，下車再嘗了一份薄
餅，選購了更高級的蘋果酒和專用
杯，和有名的各式沙丁魚罐。可想而
知，為何吾友史蒂芬為他的家鄉自
豪，更可想見我的布島之旅又是多麼
的精采與豐收了！

關於生蠔

　　生蠔的種類可分為二，一為肉呈扁平而殼圓，俗稱扁殼生蠔（Huitre Plate），是道地的法國產品。如布列塔尼西南岸，一個封閉海灣內的貝隆因為冷水海域，非常適合生蠔的孕育。貝隆生蠔的肉質鮮美，肉色灰白，口感脆而爽口有彈性，食用時若含著些許布列塔尼的海水，會有身歷其境之感，但貝隆的產量很有限，只佔法國產量的百分之十，因而稀罕。而另一種為肉凹而殼長，俗稱凹殼生蠔（Huitre Creuse），原產於加拿大，後由日本引進繁殖。其大致分布於吉隆河（Gironde）到馬倫（Marennes）一帶的沼澤地。因生長環境為產鹽的沼澤區，再加上有機海藻的茂盛繁殖，除了需不斷的清洗處理，亦使其肉色呈灰綠豐滿，如馬漢那（Marenne d'Oleron）和芬德克萊（Fine de Claire），但因過度清洗照料反使口感略失。而名聞遐邇饕客最愛的阿卡雄生蠔，當然也是法國生蠔界的上乘之選。

Phoebe 廚房無言的祕密

　　盛裝生蠔的竹籠，除了能供給生蠔足夠的空氣含氧量外，竹籠上附加的海草則不僅只美觀之用，最主要的是讓生蠔能緊實的平型擺放。此因運送中的生蠔仍會不時張殼呼吸伸個懶腰，為了慎防生蠔殼裡的海水流失，造成生蠔乾瘦甚至死亡，端盛生蠔時切記注意這點。

　　新鮮的蠔兒不易開殼，且肉質飽滿豐腴、色灰白晶亮，這跟殼中海水的含量也有相當的關係，所以大享生蠔前必先備些常識，小心慎選，才不致花錢找罪受。

Phoebe W.
in Berlin
2011

矛盾與偏見的傳奇地方料理

阿爾薩斯的醃酸菜豬肉鍋

*C*houcroute
燜醃酸菜豬肉鍋

8 人份

醃甘藍菜絲	1000g
培根肉（條）	150g
洋蔥（丁）	1 個
蒜（末）	2 瓣
洋蔥（插上四粒丁香）	1 個
火腿肉	300g
月桂葉	3 片
紅蘿蔔（小丁）	2 條（小）
杜松子粒	10 粒
豬肩肉	450g
豬五花肉	450g
白酒（最好是 Riesling）	200ml
馬鈴薯（小、帶皮）	8 個
熟香腸	3 條
法蘭克福香腸	6 條

1. 熱鍋加油並放入洋蔥丁和蒜末炒軟，加入一半量的醃甘藍菜絲拌炒，後放入深形湯鍋內，再依序疊放火腿肉、月桂葉、紅蘿蔔、杜松子粒等先略加調味。

2. 再依序放上另一半量的醃甘藍菜絲、豬肩肉、豬五花肉，並加入酒和 100c.c. 的水。開始加蓋燉煮約兩個半鐘頭（中途如有需要可斟酌加水）。

3. 另外起鍋加水加鹽煮馬鈴薯，大約四十分鐘直到軟。也將剩下的香腸煮熟後保溫。

4. 最後將所有煮熟的材料上盤（整粒洋蔥和香料類則丟棄不用），食用時佐配第戎芥末醬和酸黃瓜。

相信每個人或多或少都有些無法取代的美味記憶,當記憶來襲,縱然大廚親自端上十多個鐘頭精心熬煮的佳餚,但在你心中,仍比不上老奶奶那雙滿佈歲月皺紋的雙手遞來的暖暖雞湯!旅居法國多年,我在各個餐館裡吃過的醃酸菜豬肉鍋(Choucroute)不在少數,卻總難忘當年碧姬為我所烹煮的第一次。在那滿滿一鼎的愛裡,奠下了我倆數十年的友誼。

雅好藝術懶女人唯一的拿手菜

碧姬是傑哈老師餐廳旁的老鄰居,她是鄰近一大片土地的地主,也是我旅習法國時除了普盧松家族之外,認識的第一位法國朋友。碧姬的老爸是個大富翁,生了一窩娘子軍,個個容貌出色、精明幹練,她們除守著老爸的豐功偉業,更獨立自主各有天地。在這不以賺錢為生活目標的純樸法國南方小鎮中,碧姬算是個異數。她不但愛賺錢,還是個天生的藝術家,獨到的眼光、特殊的穿著與獨特的居家品味,永遠散發著濃重的「碧姬式」

色彩。

或許是同為愛好藝術的緣故,我們總能嗅及彼此的「藝」味,而她在普羅旺斯開的精品小鋪,商品包括室內外的裝飾、手工精品、當地食材、隆河區各式酒款,甚至連大型傢俱都應有盡有,還結合了當地與北非的藝術家,共同設計了不少藝術品。獨樹一幟的鮮明特色,讓她時常受邀各地為顧客們做室內空間規劃,並參與多處的投資經營,儼然是一位優秀的藝術商人。

雖然她擁有天賜才能與過人的經營能力,但是她這股強烈的「商人」特質,使得鎮上的人們不由得跟她保持了一段距離。記得初次相見,兩天後我就獲得碧姬大方主動的邀請去她家做客,此舉雖令我驚喜,但聽在傑哈家人的耳裡卻更為吃驚,後來我才明白,在他們的經驗裡,要碧姬請客可是件稀奇難事——全因於她商人般的精打細算和她藝術家般的懶。猶記得十年前的那晚,我們換裝赴宴,並帶

了傑哈老師親製的無花果鵝肝凍當伴手，讓愛吃鵝肝的碧姬樂得像個天真的小女孩。頭一遭參觀這位天才設計師的家，滿室的巧思佈置讓我驚喜連連。碧姬的居家風格，不是用錢堆積出來的奢華，但也不算簡約，充分展現了之前所提的「碧姬式」美感，她將大腦中的創意、南方人的自由不羈、藝術家的灑脫熱情等，一一的具體呈現，得宜又別緻。那晚，讓我飽足的不只在實質的美味餐點，還有精彩的感官享受。

聽說懶女人碧姬的餐桌總是擺滿了罐頭和速食品。雖然愛吃美食，但她更愛工作和賺錢，平常只能暫捨口腹之慾。被大家揶揄多次而急欲雪恥的她，為了顯示自己也頗有廚藝，講究起來時絕不馬虎，這頓晚餐她可是卯足了勁，認認真真講講究究的搞了兩天，煮了這道亞爾薩斯的傳統名菜「Choucroute」——即燜醃酸菜豬肉鍋，也就是我們耳熟能詳的德國豬腳正宗版，還美美地盛裝在自北非扛回的錐形陶器（Tajine）中。為了這頓

好料，她前天一早就到市場採買食材，下午更非常難得提早回家切切洗洗，更特別訂了一箱子的隆河好酒，準備讓大家好好大吃大喝，盡情享受一番。為怕我知識不足，不識她的用心，她不時於餐間努力地用著非常不輪轉的英文，硬是為我簡介了這道菜。

與我們認知不同的是，台灣所稱的「德國豬腳」一詞，在這道菜裡僅是油炸或烤的主肉類之一，而搭配的德國酸菜才是正宗「Choucroute」一詞的真意。早就饑腸轆轆的我，眼見這麼一鍋的醃酸菜、豬肉、香腸、馬鈴薯和配著酸黃瓜芥末而食的美味佳餚，任誰也沒有能力或興趣詳究什麼相關知識，在這香氣裊繞的屋子裡，大快朵頤才是當務之急。那晚，我們見識到了碧姬的廚藝與待客之道，也讓當她鄰居多年的傑哈家人，看到了碧姬少讓人看到的另一面。這一餐，不但在寒冷的冬夜為彼此增溫，更為往後的友情奠下厚基。這一夜，至今仍令我深深懷念。

讓巴黎人充滿懷舊的 Lipp。

德國這次敗下陣來

我前幾年夏遊蔚藍海岸，途經亞爾薩斯及史特拉斯堡，立即讓我想起了碧姬的酸菜鍋。由於亞爾薩斯地處德、法邊界，古時隸屬於德國領地，說到此地，百年來這兩國有著莫名敵意但又相互依存。現今此地雖已明確劃入法國版圖，但堅毅的德國人仍對此有著許多微詞，連對這道菜的身世也十分堅持是出自德國。但也因為這矛盾，造就了獨特的亞爾薩斯文化風情——嚴謹豪邁的日爾曼民族風和熱情奔放的法式拉丁情懷，在此地隱隱交融。難得造訪這道料理的故鄉，可得好好來嘗嘗這正宗的風味。

千挑萬選下坐定了看來不賴的一家餐廳，時值旅遊旺季，光是花時間找空位都萬般不易。從找位坐定點飲料點餐到點酒，大半個小時飛逝，接著興奮等著我的豬腳現身，可惜重頭戲上桌時，竟讓我失望得說不出話來。這產地名菜遠遠不及我們可愛的懶女人碧姬做出的版本——被烤得又焦又乾的鹹豬腿，光是切割都得用上吃奶的力道，而鹹過了頭的口味也讓我只好就此打住。氣飽但著實餓昏的我，突然不知如何才好。也許是我們選錯了餐廳，也許是生意太好，也許是主廚公休，也許……總之這道菜大大壞了我的胃口，更壞了喜歡這道菜的原始印象，一問之下，「原來是間德國

廚子的餐廳」，那，就當作是這個原因吧！對美食，我有十分的偏執。

有了那次慘痛的經驗，更加確定了德國人的廚藝有待商榷。往後在法國嘴饞想要吃豬腳時，就算沒那麼容易到南部嘗到碧姬的手藝，也絕不隨便妥協。好在巴黎還有一家百年老店「LIPP」，這間老店不只是在地老饕們的懷舊天堂，也是許多觀光客趨之若鶩的景點之一。LIPP 沒有新穎摩登的排場，僅保留了百年來的模樣，甚至看來有點舊，但它的知名處在於這裡供應的法國地方傳統名菜，多遵循古法烹調且百年不變。這間餐廳好吃的菜譜不少，包括幾款很罕見的經典菜色，而人氣商品之一就是這款醃酸菜豬肉鍋。這間餐廳的醃酸菜豬肉鍋跟碧姬的做法相同，是以燉煮方式烹調，入口即化也不油膩，搭配著 Choucroute 同吃很是爽口，而且價位適中份量又足，久而久之，這裡也成為我小居巴黎時的回味之處。

懶得下廚的碧姬，做起飯來可創意隨性了。

Choucroute 小常識

　　Choucroute 指的是切成細絲的白甘藍菜醃製成的酸菜，而非我們以為的豬腳或香腸，它可説是此道料理的主角。這用鹽醃三個星期的甘藍菜，有點類似我們的東北酸菜（當我介紹咱們這酸菜白肉鍋給德國的朋友時，這相似性也讓他們大吃一驚）。醃酸菜源起於德國，卻在阿爾薩斯發揚光大，味道強烈的醃酸菜，配上肥嫩溫和的豬肉、豬腳、香腸及杜松子和白酒一起烹煮，不但解膩，也讓人更感滿足，食用時若再配上第戎（Dijon）芥末醬和酸黃瓜，可讓美味再加分。在法國，它還被譽為「可讓人忘卻煩惱的菜餚」喔！這粗獷簡樸的德國料理，經過法國人的巧手，立刻顯得精緻細膩更有美感，能在阿爾薩斯親自體驗這兩大不同的民族性，令人深感趣味。

Phoebe 廚房無言的祕密

　　醃製類食物放眼中外皆有，這是人類保存食物的方法之一。醃製法無非以糖（如果醬、酸梅）、油（如醃橄欖、油漬鮪魚）、鹽（如鹹魚、火腿）、醋或檸檬汁（如醃酸菜、果醋）等，以高比重的量為食物防腐，不但可讓食物長久儲存，亦可增添食物特殊風味。但醃製品因含有高單位的糖、鹽、油，且非新鮮食品，吃多對健康無益，建議日常飲食還是多吃以新鮮食材比較好。

"Mont d'or"

兩種乳酪一種心情

「荷克列特」與「蒙多賀」

Croque Monsieur
克拉克先生

1 人份

厚片土司	一片
熟火腿	一片
太陽蛋	一只
愛曼達乳酪絲	適量
百里香葉末	少許

依序將上述材料疊放在土司上，烤箱以 200 度溫焗至外表焦脆內芯香軟，至焦黃。

我常好奇我的法國朋友們在家都吃些什麼玩意兒。像我的好友維妮嫁到法國多年，仍無法適應「食」的問題，家裡每餐總是中西大雜燴，各吃各的麻煩不已；而曾在台灣擔任捷運工程師的亞倫，約滿後返回法國，住在集藝術、情色、美食、觀光的特異地區蒙馬特，每日繁忙的工作後，煮食對單身的他來說總是麻煩事，也因不擅烹調，在家裡儲放些簡易糧食，以備不時之需。

當他邀我參觀那充滿東方色彩的小公寓時，我好奇的看著料理檯上，一籃子的洋蔥、馬鈴薯及零零散散的乾麵包頭，正在好奇之際，阿倫得意的走過來告訴我，那是他最擅長的「法式洋蔥湯」的必備食材；與阿倫共事的伊夫，卻有一手的好廚藝，從選材配料、烹調到甜點，乾淨俐落有條不紊，曾有幸嘗到他的好手藝，精彩得連專業廚師都得臣服，難得有學理工出身的大男人，帶著細膩的好身段，也難得的讓我享受到「被服務」的機會！而每天在餐廳當「名廚」的傑哈

老師，雖然餐廳裡外事物一手包辦，但回到家裡，師母就成了大廚師，身手也毫不遜色，在傑哈老師的家宴中，我首次品嘗到「荷克列特」的滋味。

而每週休假都會陪伴馬索媽媽享用晚餐的亞倫，則會與媽媽輪流下廚，兩人對晚餐的菜色十分講究，常常掏空心思烹煮美食，其中一道料理「蒙多賀」（Mont D'or）就是我造訪馬索家後儲存腦中的贈禮，現在，就讓我把這兩道同為焗烤乳酪馬鈴薯的「荷克列特」與「蒙多賀」，來為大家做個比較吧！

戀戀普羅旺斯的「荷克列特」

當年我初到法國學習，不但盡嘗傑哈老師二星餐廳裡的各式道地普羅旺斯菜，更得到普盧松家族親友們無微不至的照顧，令我這初來乍到的東方女子滿是感動。

年邁的祖父母廣受晚輩們的愛戴，

趁著超市的試吃活動學學品嘗乳酪！

是這個家族的瑰寶。Papi（爺爺）流著義大利民族澎湃的血液，是個閒不下來硬朗的老頑童，雖年邁卻有著比年輕人更拉丁的熱情！Papi每天早上除了固定到老師的餐廳逛逛，到外孫女玟琳達的甜點鋪裡閒聊，再順帶拎條新鮮的長棍麵包（Pain），中午與老伴吃頓輕食午餐，下午又晃到老友們固定群聚的大樹下，比場沙地滾球消磨時間。

而Mami（奶奶）由於健康欠佳，總是安逸的待在家裡，種花除草外，大多的時間都坐在窗邊的沙發上，偶爾打個小盹，或抱著伴著她的貓咪，凝望著窗外的景物。晚餐前Mami會將Papi在早市時採買的什蔬、鮮肉，煲成一鍋肉糜菜湯以應付兩口老牙，再嘗著孫兒們做的手工麵包，也為不良於行的日子增添了不少溫暖。

小鎮上日復一日沒有太多的新鮮事，若有個什麼風吹草動，必定人盡皆知。為了迎接我這異鄉人的到訪，兩老準備了「荷克列特」（La Recelette），邀集了家人來頓迎賓晚餐，以往，這可是在重要節日的家族聚會時才有機會可嘗的佳肴。由於成員眾多，老師還得把家裡的爐具一併帶去，並在酒窖中找出了佈滿灰塵的老酒好酒，親友們也各自攜帶禮物前來，一份剛出爐的甜點、晚餐所需的乳酪、火腿還有送給我的見面禮，佈滿那一張寫滿歷史的大長桌上。桌上

鋪著完全「普羅旺斯式」的美麗桌巾，插滿自家花園裡栽種的當季花朵，滿室的花香與溫馨！擠滿一大桌子的家人你一言我一語，整晚嘰嘰喳喳說個不停！這場家宴是我在法國的初體驗，讓我有著「異國家人」的溫馨與感動。

大夥圍著這圓形的烤爐，輪流等待著美食上盤，這群可愛的家人，把焦點完全投注在我身上，非得看著我吞嚥下食物，急切的確定我也愛上這美味，大家才似鬆了口氣的給你來個「愛的鼓勵」（事實上是鼓勵他們自己）！

相較於常常被老師推薦的侯克福乳酪，這 La Recelette 實在是太美味了，讓我每每食之忘情，當磅秤指針不爭氣的往上飆升時，才令我後悔莫及！已記不清這頓口手並用的愉快晚餐吃了多久，只記得每個人都臉頰紅通酒酣耳熱，盡興不已到夜深！

這晚我們也喝了不少酒，從開胃的黑莓甜酒（Kir，黑莓糖漿 Crème de Cassis 以 1：3 的比例，混合白酒或香檳，是我十分喜歡的開胃酒之一），和尤其深受法國人喜愛，以及至今本人仍不敢恭維的茴香酒（Pastis，甚至有做成茴香口味的糖果和牙膏！Oh！La！La！真嚇人），當然還有絕少不了的紅白酒等等。

回想起初到法國的日子，因當時不諳法國料理的精髓，讓我錯失了不少品嘗美食的機會，至今想來仍覺得十分惋惜！這一餐好似我與普盧松家族的世交之盟，為了紀念這餐感動的晚宴，那年還硬是超重的帶回了這獨特的烤爐，與家人好友們在台北分享，讓大家不須飛越七千多哩高空，也能與我重現當晚的歡樂普羅旺斯氛圍！

這道像是我們傳統圍爐時的料理，適合家族或人數多時的聚會，三兩下便能將場子炒得熱烘烘的。烤爐是用六把或十二把的小烤盤，置入爐中將乳酪焗至乳化焦黃，澆淋在水煮或蒸熟去皮的馬鈴薯上，佐配著各式的火

腿、酸黃瓜及醃漬的小洋蔥等食用，La Recelette 的氣味和口感並不濃重，佐著肉味的火腿和去油解膩的酸瓜，食、趣十足，但對於亞洲人的我來說，十分鐘就飽了。

熱戀花都巴黎的「蒙多賀」

某個冬天我跟亞倫電話閒聊，讓我腦海中回憶起法國冬日的景象——家家戶戶緊閉著門窗開著暖爐，街道上人煙稀少，只有屋頂上的煙囪管會冒出裊裊的煙霧，一來爐子上可能正在烹煮食物；二來可能是使用傳統的壁爐燒著柴火。除非不得已，否則大家寧可窩在家裡，懶洋洋的一動也不動。冬季的採購在酒和乳酪的量上大為增加，除了法國人原本就愛酒外，酒在冬日也能立即達到暖身的效果。

近年來法國的餐廳已鮮少有「湯」的供應（一般大家熟知的洋蔥湯、魚湯或特定地區才有的名湯除外），「湯」在法國幾乎已入深閨成了怨婦，實因對手「酒」早取代其已久。

而熱量高的乳酪除了亦可補充熱能，直接食用或多種不同的熱食吃法任君選擇。另外如甜點、巧克力、咖啡等，也都是冬日不可或缺的重要補給品。

光是乳酪在法國的地位、種類和數量，就舉世難以匹敵。有個關於乳酪的笑話，當年法國的戴高樂將軍，曾有感而發的說：「一個乳酪種類跟一年天數一樣多的國家是很難治理的。」而這個數字也隨著歲月的歷程，有著修改的必要，光是法國境內，現今少說已有超過五百種以上的乳酪，種類之多，沒人能算得清。

從小跟著洋派老爸吃著讓媽媽深惡痛絕乳酪的我，雖然較一般人更早接觸到這洋玩意兒，但嚴格說來，真正接觸的印象，應該從十幾年前第一次的歐洲旅行開始說起。在隨團結束了歐洲三國的行程與大夥道別後，我脫隊展開「冒險巴黎」的自助旅行，按著地址拖著大小行李，找到好友大力推薦的旅館，旅館在協和廣場附近的一條小街道內，十分安靜悠閒（後來

只要買盒 Mont D'or 輕鬆在家享美食。

才知道這是對午後而言），離地鐵也不遠，站在旅館門前，還可遠眺巴黎的地標之一——艾菲爾鐵塔，可說是一間有景、有歷史，甚至有「味道」的美麗建築。最令人稱道的，應是這家旅館的女中們。書上說她們在整理房務時總是快樂地哼唱著歌曲，美妙如天籟的優美歌聲充滿整棟建築，住客們莫不感到好奇與愉悅，紛紛口耳相傳，也成了各旅遊指南爭相推薦的旅店。

但旅館門前大街上的傳統市集，卻意外的成了我旅途中的夢魘。每日清晨喚醒我的不是那溫柔的悅音，更不是窗邊鳥兒的啼叫，而是來自清晨時分原本讓我興奮不已的市場小販們的叫賣聲，以及連緊閉門窗搗在被窩裡都掩不住的惡臭乳酪味。那臭得令人

發火的乳酪味，每天擾人清夢不說，更恣意的流竄每個角落，因此清晨的我總在一串咒罵後，不得不強迫起床逃之夭夭！不過就算想逃也著實不易，門前整條街數不盡的乳酪攤，連逃都得使出全力，更氣的是，每每為了逃離臭味，錯過不少參觀其他有趣攤位的機會，更別提接踵而來因睡眠不足所致的黑輪！這就是我與法國乳酪擦肩而過的初體驗。

當然，往後這十幾年下來，在法國練就出的功力可就不只如此，不但不再逃離，還深怕認識與了解得不夠深呢！

回到那通電話吧！剛結束了一頓美味晚餐的亞倫，「聽」得出他的滿足，讓我十分好奇他當晚是享用了何等美食。當日天氣相當寒冷，午後他與媽媽冒著冷冽的寒風，駕車急速趕往超市採買晚餐食物，尤其是這一直被他力薦推崇的料理主角「蒙多賀」，亞倫不停得意重複的告訴我「它」是如何如何特別，又如何如何的美味！在

他陶醉的聲音中，聽得我口水直流，因此與他們約定，下回再訪巴黎時，這將是必學必吃的一道料理。

十二年前與普盧松家族共享的「荷克列特」，至今仍令我印象深刻。這回我即將品嘗這更不簡單的「蒙多賀」，除了期待之外，更想將兩者來做個比較。

當晚受邀到馬索家作客，馬索媽媽的喜悅及感謝溢於言表，因為前些日子聽歐蒂莉提起馬索媽媽即將過生日，所以在她生日前夕，我悄悄地寄了一份我精心挑選，刺有各式中國圖騰風采的絲質圍巾、提包等禮物。這份來自異國的禮物，讓她十分開心與感動，這份禮物不只是為她慶生而已，亦是對她在我造訪巴黎時，對我的多所照顧，所表達的感謝。我知道馬索媽媽十分熱愛刺繡，還曾經割愛一張細白麻桌巾給我，四角佈局著手繡的繽紛花朵甚是美麗，這次我投其所好，果真換來她的開心。

這天馬索媽媽特地選買小牛頰肉，做了一個道地的媽媽料理「餡包香料小牛頰肉塔」（Tourte）做為開場，這是一種剖開式的法國鹹味塔餅，媽媽的作法是先用什蔬將小牛頰肉燉煮後，取出搗碎拌入香芹、乾蔥、蛋碎及鮮奶油，再將餡料填入派皮中，蓋上一張派皮將邊緣壓緊，並摺出花邊放進烤箱烘烤，最主要的是派塔中間挖出的氣孔，不但使其膨鬆鼓脹更為酥脆亦增美麗，開胃頭盤香酥味美，但吃一塊就飽啦！

接下來要製作今天的主角，在盒裝的「蒙多賀」中央，同樣地挖出個小洞，倒入適量的白酒，連盒放入烤箱裡烤至酒香四溢，乳酪呈現焦黃溼滑

的凝脂狀時，即大功告成！只要買個優質的乳酪，就可以是一道簡單而味美的料理。大家迫不及待的拿著餐刀逆向將盤中蒸熟的赭紅色馬鈴薯去皮，再澆淋上這酒香乳脂，同樣配著各式火腿、酸黃瓜食用，無論是口感或香氣確是細緻香滑、與眾不同。但這麼 Heavy 的晚餐，讓我有著很大的餐後罪惡感……

每回旅行國外只要碰上新奇美味的食材，我總是攪盡腦汁無論如何都要擠入行李箱，接著「冒險闖關」，但這回我投降了，因為一盒「蒙多賀」少說也有個半公斤，而且圓胖胖的體積，只要三、四盒我的行李箱就吃不消，雖然遺憾，也只能寄望將來有機會再嘗了！但直到今日，我竟未再與它相遇，這種遺憾恰如人生，有些人事物在生命中猶如過眼雲煙，去而不返。

接下來也來聊聊這最佳的配角「馬鈴薯」吧。在法國，這胖得沒腰身的大塊頭縱然怎麼了得也上不了檯面，但其重要性卻又無可匹敵，且種類之多學問之大，可不是三言兩語便可說得完的。馬鈴薯法文意為「大地蘋果」（Pomme de terre），源自原產地中南美洲的原形發音「PAPA」，為了提升這默默付出的憨厚好傢伙形象，取了個這麼可愛又有意涵的名字。對歐洲人可是不可或缺的重要生活糧食，更是家家戶戶儲物間裡必備之物。不但品種多不可數，口感各異馬虎不得，就連優越的德國人都稱讚馬鈴薯還是法國的好！

這大享齊人之福的大塊頭最愛的是來自瑞士的姑娘「荷克列特」，還是家花「蒙多賀」？我們不得而知，但你呢？趕緊買一盒來試試看吧！

關於乳酪外一章

想起當年初到法國看著法國人吃乳酪的豪情，很是傻眼又不可置信，心想可以把這麼惡臭的玩意兒，當生日蛋糕似的吃法，真是不可思議。但對乳酪的接受和學習也不只是一般消費

者的事，站在餐飲界第一線的廚師們更須身先士卒，不管喜不喜歡接不接受，都得硬著頭皮做硬著頭皮嘗。在業界有著「醬汁女王」封號的我，總是必須利用各種食材在鍋子裡大玩加減乘除的遊戲，變化出又多又新，甚至有點冒險的獨特醬汁。我的餐廳「路易十四」其中一款人氣醬汁「乳酪之王」侯克福（Rouquefort）藍紋乳酪醬汁，就是這樣玩出來的。

想到當年推出這款醬汁的心情和背後點滴，至今仍令人發噱。擔任主廚的我雖有幸比一般人多些機會在法國品嘗乳酪，但從可以接受到愛不釋手，可也不是兩三天就能達成。自己都怕乳酪臭了又何能做出令人信服的好醬汁？當新菜單上的食材陸續送達餐廳，我對這款鮮為人知的乳酪醬汁能否成功，依然十分懷疑。

另一件麻煩事也同時在廚房展開，這可怕的乳酪之王散發出的奇臭，不但充滿着整個冰箱，也瀰漫了整個廚房，這臭味還一度讓大家懷疑是死了耗子還是死了貓，搞得廚房裡人心惶惶、神經緊張。而廚師們更是多次大費周章的大掃除，掃了又掃掃來掃去，都未能消除這春風吹又生的「臭」！

終於到了我熬煮醬汁的日子，起初廚師們還圍繞一起協助我備料切洗，漸漸的有人上起了廁所，有人離開打個電話……藉故離開廚房的理由層出不窮，廚房裡人員漸稀，直到僅剩我一人繼續在廚房裡揮汗煮著醬汁——哪有獨留主廚一人揮汗，而自己翹班乘涼的道理！於是我不悅地喚回這群遺棄我的傢伙，但當我看到這群不堪被惡臭乳酪薰死、滿臉恐懼難色表情的廚師們，讓我笑得前胸貼後背的差點厥過去，索性大夥一起逃之夭夭，上樓透氣去也！

從此煮這臭醬也不成文的成了我的工作，時間的累積下，我非但不再厭惡它，甚至愛上了這個煮醬工作，樂此不疲。

荷克列特與蒙多賀的小常識

原產於瑞士瓦雷州的「荷克列特」屬硬質的牛乳乳酪，味道溫和帶有堅果香氣，並有著紮實的辛香內蕊，這道料理因其而得名。溫和滑潤的口感，連當時不嗜乳酪的我，也一塊接一塊的欲罷不能，實在是美味又有趣。

「蒙多賀」（法文意為金山）產自法國里昂地區，是一種用山羊奶或將山羊奶與牛奶混合製成的一種軟質乳酪，酪皮呈淡藍色，內蕊褐黃色並帶有新鮮及強烈的氣味，需連盒入烤箱焗烤，因此裝在用樹皮特製的木盒中，盒底採用不同木質的厚底耐熱，十分特殊，在其烘烤前後我試吃比較，它濃郁的香氣及特殊的口感，真是超乎想像，就連遇熱後仍能保有難得的「溼度」，別具風味！由於「蒙多賀」屬小份量裝的產品，滿適合人數不多時或情侶共享，其精緻小巧的美感，確可增添不少浪漫因子喔。

Phoebe 廚房無言的祕密

對乳酪之挑選，別忘了「熟成」法則。乳酪本身是一個發酵品，需經由腐壞的過程，因此除了藉由天候地利之便，熟成的時間也是很重要的。乳酪的種類多不勝數，不懂是很正常的事，不用羞於詢問專業銷售員。除了個人對口味的喜好外，食用的時間和周期則是選購重點。對於馬上即食且不需久放者，以「已熟品」為首選，可視內芯乳化的程度判定。若內芯因存放過久乳化如軟液狀時，請儘快食用或用於製作醬汁。

關於乳酪的保存，個人經驗認為「保持乾爽」很重要。若冷藏時溼氣太重，務必用廚房紙巾擦乾，包上保鮮膜後再以鋁箔紙密封包裹或置於保鮮盒內，可存放月餘。若已發霉長毛的乳酪，若狀況不甚嚴重，只需用乾淨的刀子切除外緣發霉處，並儘速食用完畢即可。

尼斯沙拉

最偉大的料理來自大自然

Niçoise Salade
尼斯沙拉

4 人份

新鮮生菜類	200g	**油醋醬汁**	
番茄（一開四）	2 顆	精緻橄欖油	120g
洋蔥（切圈）	50g	紅酒醋	40g
小黃瓜（切片）	50g	蒜頭（末）	10g
四季豆（切段）	50g	紅蔥頭（末）	10g
紅甜椒（切條）	50g	鹽、胡椒	適量
油漬鮪魚肉	120g		
水煮蛋（一開四）	2 個	1. 將所有材料混合排入盤中	
鯷魚	8 條	2. 再將油醋醬汁攪打至濃稠狀，食用前	
黑橄欖	50g	淋在沙拉上即可。	
蝦夷蔥	適量		

這麼大大的一盤尼斯沙拉（Niçoise Salade），第一次吃是十多年前在傑哈老師的餐廳裡，地中海料理的特色之一就是量大，光是「看」這盤沙拉，就可以飽上一整天！

尼斯沙拉混合了地中海產物的豐富的食材，就像蔚藍海岸的陽光般炫目耀眼，又好似看到魚獲鮮美的尼斯海岸！我向來佩服老師的廚藝，尤其是他挑選食材的能力，我常跟著老師在寒風刺骨的冬日清晨，開三、四個鐘頭的車，遠到亞維儂附近的專業大市場，採買半個星期餐廳用的食材，就這麼一週兩次的學挑貨，雖然辛苦卻一生值得。

對於尼斯沙拉中的鮪魚肉，原本讓我有些感冒——想起到小時候的「海底雞」突然出現在我的法式沙拉盤上，心中不免犯起嘀咕，但嘗了老師選用的鮪魚肉後，完全打破了我的既定印象，肉質鮮美結實，油漬得香滑濃郁，不像一般的市售產品肉碎鬆散還帶點腥味。而老師常用的西班牙辣腸（Chorizo）和義大利三色麵餃（Ravioli），至今以來都是我吃過最佳品質的食材之一。因此，「選材」對一個專業廚師而言，絕對是一件不容易又不可輕忽的事情。

在普羅旺斯初嘗地中海料理，總是覺得又重又鹹，尤其對吃慣清淡口味的台灣人來說尤有負擔，心想大概這兒的鹽都不要錢吧？當然不是這樣！等我在廚房工作了一段時間後發現，法國菜講究的醬汁，在烹煮的過程中確實費工費時，不只材料多，還得按照步驟一步一步的做，講究得不得了，經過了這麼長時間熬煮的過程，再加上南方人嗜重味，口味上必然淡不了，但細嘗之後一定比較得出，這絕非只有鹽分的死鹹。所以說，地中海料理的滋味，以「濃郁」來形容更為貼切。

去尼斯品嘗尼斯沙拉

在法國一般餐廳的菜單上，大多有尼斯沙拉這道菜，也許材料略有不

同，但總少不了鮪魚、鯷魚、水煮蛋、橄欖、甜椒蔬菜等基本組合，可說是充分運用了地中海的特有食材所表現出來的一道料理，是一道很豐富、很夏天的菜。前幾年找了機會旅行嚮往已久的蔚藍海岸（Côte d'Azur），此處是自十八世紀以來最為知名的度假勝地之一，晴朗溫和的氣候，應是此地受人鍾愛的主因。這裡一年有三百天的陽光，背山面海，年均溫約十五度，確實具備了足夠的吸引力，吸引著成千上萬絡繹不絕的觀光人潮從八方而來，再加上坎城海域滿沙灘的天體養眼日光浴場，在此游泳純是藉口，慵懶的躺在沙灘上看人獵艷才是心機。而蒙地卡羅的流金時尚和富豪賭場文化，也是蔚藍海岸的另一迷人之處。

這趟蔚藍海岸之旅，當然也少不了一遊最受人歡迎的尼斯，那天烈日高照，開往尼斯的路上擠得水洩不通，停停走走塞了四、五個小時，沿途人潮遮蔽了半邊天，悶熱得連一點風的氣息都感受不到，真令人沮喪。最後棄守要道擺脫車陣，站上岸邊的堤防喘口氣，這才真正領受到尼斯的美。海天一片的藍，藍得好暢快好無邊際。環繞港灣一整排的地中海型樓房，灣內泊著來自世界各地的各式豪華遊輪船隻，據說其中一艘還是知名歌手艾爾頓強的露天鑲金座駕呢！

既然到了尼斯，當然非得一嘗這知名的尼斯沙拉，於是我們開始了小城裡的美食尋蹤。想在旅遊旺季找到一家好餐廳大享口福，不免要有下殺三成的心理準備。人山人海的街上已分不清在地人出沒之處，因此慣用的「在地人餐廳」法則在這時也已行不通。就這樣一路上挑挑選選又飢又渴，總算找到了一處可歇腳的餐廳，但菜色卻毫無意外的如沿途景色一般叫人失望。一大盤擺放凌亂欠缺美感與鮮度的沙拉，視覺效果早已令人倒足了胃口不說，加上帶著腥味的海鮮，讓我嘗了兩口就棄械投降，只想儘速逃離現場，連照都忘了拍。這難得的一遊真有「食之無味，棄之無憾」之慨。

蒙地卡羅賭場外的名駒令人咋舌。

　　隔日還是在當地人的推薦下，於蒙頓（Menton）吃了一頓較為像樣的晚餐，才得到小小的安慰和補償。連這麼簡單的尼斯沙拉，在自己的家鄉都可以如此失色，讓我真是百感交集遺憾莫名。

意料之外的尼斯沙拉

　　去年在柏林遊船河時，驚見岸邊一家南法料理餐廳，趕忙相約在地好友一同去品嘗，再度冒險點了這道菜。還好餐廳來自法國普羅旺斯的主廚，不負所望的端出了這道很像樣的沙拉，豐富味美又華麗，深受大家的讚賞，也讓我終於有了機會取景拍照記錄下它。

　　旅行的目的不外乎休憩娛樂，但若非得擠進假日狂潮，則必要先有心理準備；美景可能只賞一半，舟車勞頓在所必然，而欲享美食喝美酒則非碰運氣不可。所以我一向不喜歡在週末或例假日外出旅行或吃美食，品質和服務的水準大多不如預期，何須找罪受找苦吃呢？

尼斯沙拉小常識

　　法文為「Niçoise Salade」的尼斯沙拉，亦可稱為「Salade Niçoise」，是法國蔚藍海岸尼斯城的名菜。尤以一八八〇年蒙彼利耶（Montpellier）地區最為有名。

　　由於用料豐富需以大盤子盛裝，更有「鮮脆寶石」之美譽。製作時每樣食材皆需個別調理，如楔形切的番茄、蒸熟的法國四季豆、剖半的水煮蛋及油漬的鮪魚肉，最後再以尼斯橄欖及鯷魚裝飾，傳統作法則加入各色甜椒、紅蔥頭、朝鮮薊心，但沒有馬鈴薯，最後再佐以第戎芥末油醋醬汁。著實是道大份量的鮮美沙拉，下次你旅遊經尼斯時別忘了一嘗。但，祝你幸運囉！

Phoebe 廚房無言的祕密

　　很多年前我們對油漬鮪魚的選擇，大概就只有海底雞吧！但現在各大進口超市日繁，商品多樣又齊全，當然的選擇性也大增。鮪魚罐大致分為油漬和水煮兩種，若考慮健康和窈窕，大可選用水煮罐頭，輕淡無負擔，但風味較不若油漬的香醇滑口。我個人認為鮪魚肉塊的口感是一大要件，若肉質結實有彈性，必為料理大大增色。

　　初到德國之時，因不諳德文而誤選了多次不良品，讓我開始害怕做這道菜，可見挑選合適質佳的好食材，是多麼重要又不容易的事。選擇好食材的祕訣，就是要有不怕死不怕難的奮勇精神。多問多聽多比較，一試再試準沒錯！

"Croissant". Charles En
Berlin '07

可頌和麵包

認識法國的開始

Croissant
牛角可頌

8 人份

低筋麵粉	200g
高筋麵粉	200g
水	120c.c
牛奶	90c.c
活酵母菌	13g
鹽	8g
糖	20g
奶油（夾層用）	200g

1. 低高筋麵粉一起過篩後，撒在工作檯上，從中間挖出一個凹槽，放入水、牛奶和活酵母菌，將其完全溶解拌勻，並逐漸將周圍的麵粉慢慢混合。

2. 等到變成糊狀，再加入鹽和糖混合，等到混合好後，再用刮板將周圍的粉全部拌入到中央，並用刮板像切東西般加以剁切混合。

3. 用手掌以按壓的方式到完全沒有粉末，再將麵團揉成圓球形，放進撒了手粉的麵盆內，蓋上溼布靜置在室溫（25～30℃）中。

4. 等膨脹到兩倍大時取出，放在檯上用手掌壓攤開來，並儘量將麵團內的氣體擠壓出來。

5. 將壓平的麵團擀成十字狀，再將周圍的麵皮摺到中央，再放入麵盆中蓋上布靜置十分鐘。將夾層用的奶油敲平，並整成正方形，後包入麵團中，並用擀麵棍輕敲奶油麵團，力求混合均勻。

6. 重複擀平對摺的動作 3~4 次，後用保鮮膜包好，放入冰箱冷藏靜置 30 分鐘。

7. 再重覆三次摺疊的動作，麵團就完成了，再用保鮮膜包好，放入冰箱冷藏靜置 30 分鐘。

8. 將麵團擀成 3mm 並切成三等份，再將其中的 1/3 切開，成 10×20cm 的等邊三角形。

9. 後在等邊三角形的底部，切上深 1cm 的切口，再將兩邊角拉開往內側摺，並用手掌輕壓再向上捲起。

10. 將麵團的兩端摺往內側彎曲，做成新月形放在烤盤，並刷上蛋汁待其發酵。

11. 待麵團膨脹到兩倍大時，再刷上一層蛋汁，用烤箱以 180 度 c 烤約 20 分鐘。

每當飛機降落巴黎的戴高樂機場，所有的急切焦躁都被迫慢了下來，遲緩的節奏下，更有時間想像和期待那令人懷念的可頌早餐。不貪心的在香酥的牛角可頌（Croissant）上抹點奶油或果醬，或是把巧克力麵包（Pain au Chocolat）蘸著香濃的熱巧克力（Chotolat Chaud）吃，最後還要再啜一杯難戒的巴黎咖啡，哪怕我總是在機場的咖啡吧就解決了這一餐，但那種充實又滿足的愉悅感實在難以形容。有人說「巴黎」是一個讓人容易自然慢下來的代名詞，真是再貼切不過，我完全可以領會並深表贊同。

而在巴黎漫不經心的飲、食、享、樂，往往就從一個麵包揭開序幕。在鮮少有所謂早餐店的法國，人們習慣在家享用早餐，餐桌上必備有可頌、麵包和咖啡，或在如「PAUL」的麵包店裡買了麵包，在上班上學的路上吃。當然更有不少人一如台灣唯美的廣告片般，在所謂的「左岸咖啡館」裡悠閒的消磨這一天之初。至於巧克力麵包、果醬、奶油或熱巧克力，則是我和傑哈師母等愛吃又特愛吃甜食

的貪嘴人士的豪華早餐。我們總是一起膩在超市，找尋好吃和不同口味的果醬，試嘗各種品牌的熱巧克力，再與麵包搭配成完美早餐。至於麵包則不必費心，我們非外甥婿克里斯多福店裡的可頌、長棍（Baguette）不吃。雖說相較美式或歐陸早餐的豪華豐盛，法式早餐似乎顯得太簡單寒酸，但早餐對法國人來說不只是為溫飽，更須兼具美味與優雅，絕對是重質不重量的保持法國人對生活品味的一貫態度。如何選擇一杯好咖啡和一個香酥的美味可頌，則像是法國人的天職和天份般，往往讓人折服。

每一口麵包的堅持

法國人對麵包的挑剔和講究，真的是與生俱來的，堅持找到一家合自己口味的麵包店（Boulangerie），即使穿街過巷，換幾班地鐵或開車繞道而來，也在所不辭。甚至連麵包的製作方式、出爐時間、主廚是啥家傳淵源等都如數家珍。好吃與否，從店門口排隊人數就不難推測。法國人對花費

在麵包上的銀兩也從不手軟，更沒有存糧備貨的習慣，今日麵包今日畢，不只在餐廳如此，就連一般的家庭也不例外，甚至講究幾個鐘頭內食用的學問，吃不完的再省也只能進垃圾桶。還有對所搭配的食物的麵包有一定的選擇標準，如抹鵝肝醬（Foie Gras）最好選擇口感細緻，又略帶有奶油香味的軟麵包，而搭配乳酪（Fromage）時，則選擇帶有酵母味或核桃雜糧製成的似德式的硬麵包等。法國人這種為美食不辭勞苦，不肯妥協的天性與天分，總是讓我佩服，進而也開始訓練自己學習眼鼻口的品嘗能力。所以每回落腳巴黎的第一件事，一定是地毯式搜尋飯店附近的麵包店，再仔細試嘗選出明日早餐要去哪裡吃。多以西餐為主的我，總是在第一籃麵包上桌後，便忘情到無力控制，有一回與友人相約在一家知名的法國菜餐廳用午餐，因有多款手工麵包可嘗，興奮得竟在開胃菜之前便已不知不覺的吃光了四籃麵包，最後還是侍者好心提醒，唯恐我們兩位姑娘後繼無力，讓當時的我們窘到直

想找個地洞鑽！但對嗜麵包癡美食如命的人來說，失去理性不顧色相是常有的事。就算回到國內，我還是習慣早餐喝咖啡配可頌或麵包，再怎麼節制也不會跟當下的口腹欲望過不去，減肥啊，永遠是明天的事。

法式早餐的主角——可頌

常被當作早餐的可頌，外觀酥鬆微彎略似牛角，一入口猶如蟬翼細緻如千層派皮，如此絕妙的口感，完全來自使用大量的奶油；而內芯則層次分明柔軟微溼，讓人意猶未盡。法文的Pain泛指一般的麵包如長棍等等，但如可頌類的奶油酥捲，則統稱為維也納甜麵包（Viennoiserie）或甜點，分為奶油可頌（Croissant au Beurre）如葡萄乾麵包（Pain au raisin），與一般可頌（Croissant Ordinaire）。而確實，來自維也納的可頌，在法國人自豪的眼裡，不論口感和風味都與出生地維也納大不相同。雖說由來眾說紛紜，但其中土耳其一說最為人樂道。約於十六世紀中，土耳其大軍進攻奧

匈帝國的首都維也納，因久攻不下，最後決定入夜後挖一地道，準備一舉進城攻下核心。但很不幸的，他們嘈雜的鑿壁鐵鏟聲驚動了午夜正在揉麵團做麵包的師傅們，機警的麵包師們連夜傳送消息給皇帝，致土軍潰敗無功而返。奧匈大帝不但大大犒賞和褒揚了他們，師傅們更把麵包做成土軍旗上的彎月形狀（Croissant 在法文意為彎月），進獻皇帝做為紀念，並有「吃掉土耳其」的嘲諷之意。

最富盛名的長棍麵包

在法國多不勝數的麵包，以長棍（Baguette）最為著稱也最普遍。麵包店外總有大排長龍的隊伍，人手一支長棍。法國麵包通常不包裝，直接拿在手上，或在手握處捲上一小片紙捲著，烘烤後一個小時內的長棍麵包最為美味好吃，在吃之前才切開，是三餐不可或缺的主食。通常食用麵包時是不用麵包籃的，直接放在桌上的餐盤邊。據說古埃及人是最早食用麵包的民族，在當時已有三十多種麵包的記載。中世紀時甚至用麵包種類來區分地位，而平民最常購買的圓球麵包（Boule），後來甚至成為麵包師父（Boulanger）的統稱，也是後來麵包店名的由來。長棍麵包的形成則拜產業革命（烤窯革命）之賜，大為提升了烤麵包的效率。

好吃的麵包可以用五官判別：
* 眼看——外皮呈油亮的金黃色。
* 手觸——手指尖輕壓，外皮有酥脆感。
* 耳聽——輕敲底部有似打鼓的飽滿聲。
* 鼻嗅——充滿麵粉的香氣。
* 口嘗——嘗得出麵包香及微量鹹味。

有了好麵包，法國早餐就是這麼簡單。

　　最後補充最重要的一點，那就是因
著個人的喜好感覺選擇，再大力的吸
一口麵包香，必能找到你個人的專屬
麵包。

　　不論是求溫飽或求美味，甚至是個
人品味的表徵，與長棍麵包並列為巴
黎代表的可頌，絕對是法國餐桌上不
可或缺的美食。更有人對這兩款麵包
形象打趣的形容說，長棍好似穿著一
般的市井小民，而可頌則像是品味華
麗的貴族呢！

巴黎的咖啡

在巴黎對咖啡的選項很有限，所謂的巴黎咖啡，大多指的是加了奶的咖啡（café crème）即咖啡歐蕾（Café au lait），和濃縮咖啡（Espresso）或是卡布其諾（Cappuccino）等少少的幾款。但光是這平凡的幾款咖啡，就已讓巴黎咖啡館的風情無限，因為巴黎人泡咖啡館絕不只是為了一杯香醇咖啡，殊不知咖啡館裡的「春色」才是讓人心情澎湃蕩漾的主因啊！

至於風情萬種的左岸咖啡，可不是以塞納河的左右來區分，而是以面向河流入海的方向，以南北做為畫分，塞納河以北為左岸，以南則為右岸。左岸充滿了巴黎乃至歐洲的人文氣質，匯聚著知識份子藝術家們的特異與叛逆精神，引領理想與虛幻的潮流。

最早的左岸咖啡館是創於一六八六年，由義大利人 Procopie 所開的「Le Procopie」咖啡館，當時光顧的名人有伏爾泰和盧梭等人。現今的左岸咖啡館齊聚於聖傑曼大道（Boulevard Saint Germain）一帶，以沙特、卡謬等人曾佇足的花神咖啡館（Café de Flore）和西蒙·波娃、沙特、海明威等人所愛的雙叟咖啡館（Les Deux Magots）最為有名。

Phoebe 廚房無言的祕密

說到酥皮好不好做？若只用嘴不用手，那不難！若不在乎美不美好不好吃，那也不難！若要親自動手，又要吃好看又能示人，那請千萬照著我的配方，一步一步馬虎不得才能完美成功。因為我們廚師們也是歷經多次失敗才能最終成功。

到底成功的關鍵在哪裡？其一是麵粉和奶油的比例，粉過多則不酥不香，油過多則成型不易，高溫之後會滲油變形又過膩；其二是摺疊麵皮的工夫也得練，摺疊的目的在製造千層分明又酥脆的口感，摺得不夠沒有千層口感，摺得過頭麵死照樣沒口感。所以愛吃酥皮的你可得注意了，酥皮真的不好做呢！

醃肉洋蔥雞蛋派

最美味的平民料理

Quiche Lorraine
醃肉洋蔥雞蛋派

8 人份
派皮

低筋麵粉	220g
鹽	少許
無鹽奶油（切成小塊）	150g
蛋黃（大）	2 個

內餡料

奶油	25g
培根（絲）	150g
洋蔥（絲）	300g
鮮奶油	250c.c
蛋	3 個
肉荳蔻粉	適量
鹽、胡椒	適量

1. 將麵粉和鹽放入攪拌盆中拌勻，後撒在料理檯上中間做一個凹槽，再加入奶油塊，用手指的溫度將奶油與粉類抓勻。

2. 續加入打散的蛋汁和約三大匙的水，混勻後再將周圍的粉慢慢的混入，並用麵刀，不停的以剁切的方式做成麵團。

3. 當揉至表面光滑狀，將麵團放入缽中包上保鮮膜，放入冰箱冷藏醒約 30 分鐘。

4. 將料理檯撒上手粉，放上麵團擀成一大薄片，鋪在圓形烤盤上並修飾邊緣多餘的麵團。

5. 用奶油中火炒培根至焦黃，續放入洋蔥炒軟並成焦黃狀，倒入做好的派皮內。

6. 將蛋打散加入鮮奶油、肉荳蔻粉混勻，並加鹽、胡椒調味後倒入派皮餡料上，入烤箱以 180 度烤約 40 分鐘。

足以飽餐一頓的鹹派。

亨利是一名廚師,曾經在台北工作過幾年,當他任職台北一家知名的法國菜餐廳時,創下了當時該餐廳的亮眼成績。因為喜歡美食熱愛烹飪,從沒經過廚藝訓練的亨利,靠著自學打下了一片天。在餐廳開業初期,亨利幫了我不少忙,傳授我經驗,也教了我不少經典菜色,如蘋果鴨胸、油封鴨腿、韃靼鮮魚盤等,對我的廚藝生涯有著重要的影響。

那一年受邀到巴黎作客,我跟他的家人生活玩樂了幾天,也一起動動手包包水餃做做三杯雞,回味回味台灣的點滴。一天週六亨利參加了半日行程的森林健走活動,在路程中拾獲了一隻被獵人擊落的野鴨,想當然耳,這也成了當天餐桌上的美味晚餐。看著他細心的處理鴨毛準備著各種材料,再洗洗切切下鍋烹煮,充滿了自信和溫暖,想必這也是當年他能在台灣抱得美人歸的原因吧!

巴黎居,大不易

在巴黎這高物價高消費的「平凡人地獄」,常常讓人有喘不過氣的窒息感,哪怕是雙薪家庭也常為錢愁苦。住在市郊的亨利一家,一大早五點半鐘就要起床出門,有車階級為塞車煩惱,沒車的人就要上上下下改換三四種交通工具,花上個把鐘頭,匆匆忙忙的趕路上下班,庸庸碌碌的討生活。若說台灣生活不易,在巴黎更可說是難上加難!

一天,家裡冰箱空蕩蕩的,讓唯一在家閒著沒事的我,冰箱門開了又關,關了又開,唉!巧婦難為無米炊。這時亨利風塵僕僕返家,稍微休息之後鑽進那昏暗的廚房,試圖找些食物當晚餐,我怯怯不敢出聲的在旁看著,有點心酸。一時間也摸不清楚他要如何解決這難題,只見他俐落的

法國熟食店中常見各種
派類點心。

取出一袋麵粉、一塊奶油，和起麵
起皮做成了派皮，再切了放在角落籃
子裡的洋蔥，和冰箱裡的培根肉，加
上了鮮奶蛋汁攪和後就這麼丟進了烤
箱，當一陣香氣自烤爐內飄出時，我
忍不住的大大吸了一口氣（也大大的
鬆了一口氣），就趁著這香氣之機的
話匣子大開，頓時劃破了當時的尷尬
寧靜。

晚餐時，咱們吃著這好吃到
不行的醃肉洋蔥雞蛋派（Quiche
Lorraine），攪和著大量奶油的派皮，
層次分明酥脆可口，炒得焦香的洋蔥
早已香甜柔潤，還有那不時從口裡迸

發的培根脂鹹香夠味，和軟嫩的蛋奶
內餡。亨利的鹹派不論在口感和風味
上都可口得恰到好處，還餘韻不止。
那夜雖寒但美味溫飽，啜著紅酒在昏
黃的餐桌燈下聊到夜深。很難忘記那
一晚，很難忘記那一塊我在每個法國
家庭都會嘗到的「家常菜」，但唯獨
亨利的派，多了別人沒有的酸沒有的
苦，伴著點點的甘甜入人心。從此每
當我嘴饞肚子餓，希望來道小點解救
時，它總成了我的鹹點首選，也是我
每每懷念巴黎，想念好友們時的最快
最好選擇。

醃肉洋蔥雞蛋派小常識

這被法國人視為平民料理的醃肉洋蔥雞蛋派，早在十六世紀的南錫（Nancy）便已存在，當時稱為 Kiche，現是洛林省的知名料理之一。是一道開放式的鹹派（意指不加麵皮蓋子的派），傳統口味為洋蔥和醃肉丁（Ladons），後來口味變化雖可隨心所欲，但絕少不了鮮奶油、雞蛋和肉荳蔻混合而成的蛋奶汁，一般被當做前菜食用，冷熱皆宜不需沾醬，很適合野餐或臨時果腹之需，與薄餅（Crêpe）並稱為現代的兩大法式速食。好的派皮表面宛如鑲著金箔焦黃油亮，內餡的醃肉燻香與鮮嫩的蛋奶汁形成速配口感，是每個法國人從小吃到大，最能表現媽媽味道的家常料理之一。

洛林原屬於德國，中世紀後劃入法國的版圖，原文的 Kische 從德文的庫亨（Kuchen）而來為蛋糕之意，而標準的法文解釋為蛋餅，Quiche Lorraine 就好似洛林的代表。洛林區在早期是德國的典型農材風貌，而這道鹹派則是用當時特製的一種鑄鐵鍋製作，沒有捲曲的花邊，與現今的法式摩登雅致不同。美味的洛林鹹派就如同阿爾薩斯的醃酸菜豬肉鍋一樣，總是讓德法相爭不休，想當然的，只有好東西才有這種相爭的條件。所以不論是日爾曼民族的粗獷啤酒文化，抑或法蘭西民族的葡萄酒優雅風情，都賦予這傳統鹹派截然不同的風貌和特殊的文化特質。

Phoebe 廚房無言的祕密

出版社編輯要求我寫一些法國人的剩菜美食，霎時間有點被考倒的感覺。說來這處理剩菜應是我們亞洲人的強項才是……為何歐洲人不善處理剩菜呢？主因是沒有剩菜可理。重美食和生活的法國人，煮食的哲學多以當餐食畢為主，講究新鮮現吃，剩下的偶有媽媽掃盡，但多為垃圾箱中物。對於隔餐的剩菜，從不曾見有人感興趣，就算沒捨得當日丟棄，也絕對是三天後的垃圾。

因為他們對亞洲人的打包文化，既是無法理解更無法想像。在較高級的餐廳裡甚至嚴格規定不可將剩菜打包！除了深怕打包食物若因處理不當搞壞了腸胃，為店家惹來無謂的麻煩，更基於食物現煮才美味的原則。

燉牛肉蔬菜鍋
法國媽媽的傳統美味

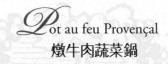

燉牛肉蔬菜鍋

4 人份

材料 A

牛後臀腿肉及牛膝	約 2 公斤
紅蘿蔔（去皮）	小 3 根
白蘿蔔（去皮切塊）	150g
青蒜（切成兩段）	3 大枝
西洋芹（切大段）	2 大枝
馬鈴薯	小 4 顆

材料 B

洋蔥（去皮切大塊）	1 顆
丁香粒	4 粒
月桂葉	3 片
新鮮百里香	2 枝
鹽	少許
胡椒粒	10 粒

1. 先將牛肉汆燙洗淨，丁香粒插在洋蔥上。

2. 將牛肉與材料 B 一同放入燉鍋中，注滿水（需淹過材料）加熱煮沸，後以小火燉煮約 1.5 個小時，其間並不時將浮油和雜質撈掉。

3. 之後將洋蔥和所有的香料撈除。並將青蒜和西芹用棉繩綁好，連同所有蔬菜（除馬鈴薯）放進鍋中，續煮一小時至肉軟爛。

4. 馬鈴薯另外煮熟，食用前再一同上盤。

5. 在湯盤中放入烤好的長棍麵包，再將湯澆淋上去。將肉和蔬菜取出放在盤中，佐配著第戎芥末醬一同食用。

歐蒂莉的媽媽有著一手好廚藝，是我一直想學習拜訪的對象。但馬索媽媽的個性嚴肅，不易親近，因而始終難以促成此事。經過一年多的請求，固執的馬索媽媽敵不過我的好學，終於答應教我幾招法國家常料理，這事令我喜出望外。可別小覷這家常料理，對我而言，料理的精神不單只是如何烹煮食物而已，更蘊含了典故及原由，認真深究其意義，才能讓料理更具內蘊與深度。

到底什麼是法國菜？

我曾經嘗試問過不少人，何謂「法國菜」？各方人士絞盡腦汁，咬文嚼字，硬是想掰出個有學問的答案，但答案卻又總是稀稀落落，難以具體完整。我也曾多次問過自己相同的問題，左思右想反反覆覆了好些年，終於得到了一個再簡單不過，且直接的答案——「法國菜」，不就是「法國人吃的菜」嗎？賓果！就是法國人吃的菜！但法國人究竟吃的是什麼菜？真正了解的人便屈指可數了。

與中國菜並稱兩大美食王國的法國料理，就跟咱們相同，因著南北東西、氣候環境、物產人文而有所區別。例如，緯度氣候土壤造就了布根地等各酒區，利用地形與海潮溼度所製成的侯克福藍黴乳酪，因盛產蘋果而聞名的諾曼第 Calvados 蘋果干邑等。因著大自然的條件和人類的智慧，加上追逐美食的狂熱，變換出了餐桌上的道道美味，而這些傳統料理又是其主軸靈魂，若說不懂這些基礎，可別說你懂得法國菜。因此鑽研傳統菜系，一直是我這些年來努力不懈的目標。

我一直很感恩馬索一家人，在這方面給予的知識與協助——包括馬索媽媽教的每道經典料理，和亞倫傳授給我的料理知識。我更在馬索媽媽身上，看到她對生命堅韌的毅力。馬索媽媽早年喪夫，須獨力撫養幼子女，她與馬索爸爸同有肢障等問題，幾無工作能力，再加上多年前罹癌，生命中諸多的不順遂，但她卻憑著堅強的意志力，克服了所有的困苦，且甘之

如飴。現年八十高齡的她仍保持相當
的活力，每天早上到市場買買菜跟老
友聊聊，閒來喜歡閱讀和寫作，還出
了不少書，雖因手臂患有骨骼萎縮
症，仍難敵喜歡刺繡這種極需耐力與
體力的嗜好，憑著天生的一雙巧手，
不知編織了多少美麗的作品，當時我
離開法國之前，她甚至還曾貼心的為
我繡了一張大桌巾和小擺飾。

她對烹飪的熱愛更不在話下，在她
節儉的個性下，卻捨得收藏不少食譜
書，不時閱讀研究。雖然環境一直不
富裕，買不下手太昂貴的食材，但對
挑選食材的能力卻無可挑剔，這大概
也是熱愛美食的法國人的天性吧。

馬索媽媽常會因應季節氣候，烹煮
些應景的食物，或到市場裡尋寶，煮
上一桌子好菜，或蒐羅家裡剩餘的食
物，想盡辦法變化出些美食來。例如
有一次媽媽將擺在客廳裡，我一直當
它是「裝飾物」的一籃小蘋果，烘
烤了我從來不愛的蘋果塔（Tarte aux
Pommes），這美妙滋味，從此改寫

了我過去對這美式甜點的厭惡印象。

那天一早媽媽上超市買了些做塔的
材料，麵皮、雞蛋、鮮奶油等，用她
那行動不便的雙手，持著小刀俐落地
為蘋果去皮剖片，一絲不苟整齊的排
列在烤盤中，還做出美妙的環狀圖
案，再嚷著叫我這外國旅客速來拍
照，就在這一個步驟一個步驟中，我
看到了她的堅強與堅持。不多久，這
曾經令我厭惡的食物，就奇妙的在烤
箱中，迸發出一股清新濃郁的香氣，
從此這氣味便再難從我的記憶中移
除。直到現在，就連速食店裡的蘋果
派，也成了我一解相思苦的應急解
藥，媽媽不只教了我不少料理，更花
費了不少心力，或翻查書籍或試著找
些東西佐證，告訴我諸多歷史或典
故，著實令我銘感於心。

美好法國家常味

之後每當我到巴黎必造訪馬索家，
他們總會在我抵達前，便絞盡腦汁想
著該告訴我、教我些什麼。秋天來個

森林採蕈，冬天來個乳酪鍋，或是盛夏的白蘆筍等。猶記得連續兩年的初秋，我們一起開著車到巴黎的近郊採菇，尤其冀望能採到法國人最愛、也是我最愛的，氣味濃郁鮮美的石蕈（Cep）──這種難得的法式野趣相信任誰都愛，但實際採起來可不容易。秋季時分霧氣濃溼氣重，走在堆積深厚的落葉堆裡，不是突然深陷洞中，不然就是溼滑得摔個四腳朝天，想大有斬獲則非經驗不可！

記得第一次上山稍嫌過晚，秋季將盡，就算花了個把鐘頭，採到的菇類也只能以個位數計，甚至常常空手而歸；且採菇還需有辨識的能力，採錯吃錯了後果可難以想像。這晚擅烹的

馬索家人，仍將這為數不豐的野菇，變換出美味的香料烘蛋，只要食材新鮮廚技別太差，實難有不美味的道理。

又一年初冬時分，搭了十幾個鐘頭的飛機到巴黎，驅車直赴馬索家，原先院子裡滿樹的紫藤花早已凋謝，只剩下枯枝落葉，在跨進前廳之際，便已被屋頂上一縷炊煙所帶來的暖意，和那蘊滿水氣及燉什菜的濃郁香氣深深吸引，急奔進屋便迫不及待的衝到廚房爐邊，湊近熱鍋上的燉肉嗅聞這香氣，哇！是什蔬燉牛肉（Pot-au-feu），縱然才經過千里跋涉的疲憊，卻立即被這一鍋愛的美味，薰得忘卻一切。梳洗過後。熱氣霧化了整面窗，抹去窗上的水氣，看著窗外冬日灰濛濛一片的天空，此時的巴黎雖顯冷瑟，但重回我最愛的城市，一切都是美好。再度鑽進暖烘烘的廚房，一邊閒聊、一邊幫著媽媽忙東忙西的，早已饑腸轆轆的我，趕緊佈置好了餐桌，擺上了才從烤爐裡烤得焦香的麵包，全數坐定後，就等著媽媽端上菜

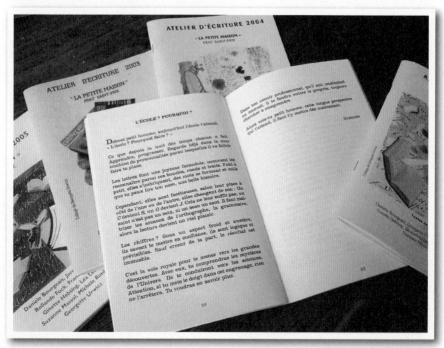

馬索媽媽愛讀書又愛寫作。

來。一口湯送入口除了滿口肉汁的濃郁，咬在口中的牛肉卻又盡顯蔬菜的清新，真是互相輝映，絕妙的好！

吃這道菜還有一絕，就是品嘗鮮嫩的骨髓，當我拿著湯匙，挖出牛骨中軟軟嫩嫩的骨髓，其融化在舌尖流露的餘韻無窮擴大，再沾上一口大名鼎鼎的第戎芥末醬，霎時迸出的辛辣油嫩似百花齊放般──嗯……表情一致的家人皆是瞇皺著雙眼、抿緊雙唇、反覆回味嘴裡的曼妙滋味，真是人間美味。

寫這篇文章時值〇九年初冬，這兩天冷氣團又將來襲，想來也是重溫這道菜的最佳時機，前兩天元旦捎了個信息問候馬索家，尤其擔心媽媽的健康，得知家中一切無恙，讓我寬心不少。在這感恩的季節裡，您不如跟我一樣，依著以下為您撰寫的食譜，親手為心愛的家人，烹煮這一鍋暖和和的冬日法式家常菜，大享暖烘烘的天倫之樂吧！

關於什蔬燉牛肉鍋

　　傳統的什蔬燉牛肉鍋 Pot-au-feu，相傳自十九世紀起便有了的類似的料理，是一道很平民化、簡單又美味的家常菜，其法文原意為「架在爐火上的鍋子」，多為使用了耐燉煮的牛肩或牛後腰部肉與牛大骨，再加上洋蔥、紅蘿蔔、西洋芹、大青蒜和月桂葉、百里香和巴西利梗綁成的香料束，燉煮成一個什錦鍋。我也曾在不同的食譜中看過改用魚肉的烹調，您也不妨試試看。

　　食用時須將料與湯分開，佐以第戎芥末醬。但這道料理最令人期待的是用來燉高湯的牛骨髓，把這軟軟糊糊的骨髓挖出後，佐配現烤的鄉村麵包，霎時這美味立即融化在唇齒之間，呈現濃、郁、芬、芳。對於向來喜歡芥末的我，這道料理是再理想不過的了。再加上東西方人們都愛的大青蒜，真是滿足到沒話說！

Phoebe 廚房無言的祕密

　　我幾次在法國大廚的軍營裡，領略大廚們獅吼的功力後，頓覺自己的渺小和慚愧。在法國似乎不兇就當不成大廚師，這兇惡還要有程度的差別，輕則口沫亂飛震耳欲聾，加上砸爛幾隻昂貴的鍋碗瓢盆的巨響，引來幾條街坊鄰居的觀戰（就別說這些現場最倒楣的小酒杯玻璃器皿，既隨手可得，音響效果又好；當然我也曾看過小刀齊飛的精彩歷史畫面），重則暴風似的把人轟進洗碗間痛哭，險些樑柱坍塌屋頂掀起。所以只要一日看到 Phoebe 躲在洗碗間裡猛洗碗，必是某大廚的火氣又大作了，若不幸臉上還飆著兩行淚。

　　所以，若還有人敢說她能在專業的大廚房裡姿態曼妙？慈眉善目？整潔乾淨……請站出來！把她立刻丟進我的廚房裡試試！

普羅旺斯四寶

進入普羅旺斯從這裡開始

Tapenade
黑橄欖醬

6 人份	
黑橄欖	300g
酸豆	90g
鯷魚	8
蒜頭（大）	3 粒
精緻橄欖油	180c.c
檸檬汁	半顆量
鹽、胡椒	適量

1. 將黑橄欖、酸豆、鯷魚和蒜頭放入調
   理機打碎，再慢慢的加進橄欖油打勻。
2. 最後加入檸檬汁、鹽和胡椒調味即可。

Herb Aïoli
香料蒜黃奶油醬

4 人份	
蛋白	4 個
蒜頭（大）	5 粒
羅勒（葉）	5g
巴西利香菜（葉）	5g
檸檬汁	半顆量
精緻橄欖油	200c.c
鹽、胡椒	適量

1. 將蛋白、蒜頭、香葉放入調理機打碎，
   再慢慢的一點點加進橄欖油打發。
2. 最後加入檸檬汁、鹽和胡椒調味即可。

在「普羅旺斯」這名字在台灣正要
紅開之前,我便有幸早一步踏上這土
地,從里昂搭車往南行,屬於普羅旺
斯特有的風情盡現。天邊的藍,時而
映照著遍野泛著金黃的葵花,時而渲
染半天際迷人的薰衣草,還有那醉人
隆河區(Côtes du Rhône)的葡萄園,
這些當地的經濟農作物,儼然成為普
羅旺斯傳奇的美景之一。

不難發現地中海料理,在食材和口
味上十分近似中國菜,實因食材和烹
調的手法相近之故。當我在此地廚
房學習時,隨手可得的盡是熟悉的
食材,就算想家時也不難煮頓思鄉
菜,連當年碧姬病倒時,我特別為她
烹調的愛心老母雞湯,也不過是用
了大量的薑蒜罷了,也因此,地中
海料理總是受到國人的歡迎。風味
獨特的普羅旺斯料理與它的地理環
境及大自然條件息息相關,甚至與
南方人豪邁熱情的天性,都脫不了
關係。普羅旺斯著名的蒜黃奶油醬
(Aïoli)、黑橄欖醬(Tapenade)、
尼斯燜蔬菜(Ratatouille)和番茄鯷

魚塔(Pissaladière)等,也都是使用
大量的上述食材所得的美味佳餚。

蒜黃奶油醬與黑橄欖醬

記得籌拍第一本書《餐桌上的騷
動》時,與出版社人員一同前往當
地,也算是台灣第一本在法國製作的
食譜遊記書,我和傑哈老師竭盡所能
的將傳統的料理盡現其中。但第一次
將蒜黃奶油醬和黑橄欖醬帶回台灣
時,卻有些失望,並未得到台灣顧客
熱烈的回應,尤其那濃重辛辣的蒜
味,連嗜吃重味的台灣人,都適應不
良,這讓傑哈老師十分不解與失望,
這法國人心中的神聖美味,為何在台
灣的反差竟如此大?話說這已是十多
年前的事了,隨著大環境的變遷,外
來餐飲文化的進軍,如今台灣消費者
對外來飲食的接受程度提升,甚至於
對餐飲品質的要求已不可同日而語。
當年讓大家卻步的雙醬,卻是今日高
級餐廳裡的餐桌上不可或缺的佐餐醬
料。所以,品味美食也不是一朝一夕
的容易事,除了天賦異稟外仍需要時

在丹尼家大享南法美食。

間和經驗的累積。

蒜黃奶油醬和黑橄欖醬雖大多用做抹醬，以塗抹麵包為多，但也可以當做醬汁佐配肉類。我個人對蒜黃奶油醬有獨特喜好，雖說它的口感類似美奶滋，但添加了大量蒜頭後，風味則完全迥異，帶點嗆辣的柔滑勁味，就算大啖海鮮盤時，仍不忘悄聲要求一盅蒜黃醬，尤其沾食蒸熟的蝦子和螺肉，真是美味了得！

既然此為普羅旺斯特產，想必也是待客之物。記得有一年寄住丹尼家時，也藉機拜訪了他的家人，丹尼嫂嫂當天端上桌的便是蒜黃奶油醬大餐，有螺有淡菜有美酒，雖不華美，卻簡樸美味又輕鬆，普羅旺斯人總能自若大方的將自豪的家鄉菜呈現在客人面前。而黑橄欖醬這幾年在台灣也不再罕見，常在餐桌上的小碟中發現其蹤跡，免費供顧客佐麵包食用，但我卻十分喜歡將其當作醬料佐配主菜，其中的蒜和鯷魚會因著熱氣揮散，使橄欖的氣味更加提升，佐配不同的肉類，也表現出不同風味的效果。而尼斯燜蔬菜則是當地再家常不過的配菜，隨著前幾年以此為名的迪士尼電影《料理鼠王》而聲名大噪，一時之間的暴紅程度，也讓我的餐廳跟著沾光，接獲不少影迷和客人的詢問和點用。大多陪襯在主菜旁的它，萬萬料想不到有朝一日竟能躍上大螢幕當主角，只因這道帶著濃濃鄉愁的料理，總能喚起法國旅客們往日生命中的美好時光。

尼斯燜蔬菜和番茄鯷魚塔

雖然比薩已是義大利的代名詞，但在普羅旺斯卻有一道響叮噹的番茄鯷魚塔（Pissaladiere）可與之媲美！也許同為地中海區之故，所用食材總不脫大蒜、橄欖、番茄、鯷魚等，但卻表現出濃濃的普羅旺斯風，熱情濃烈且悠長，雖少了昂貴華麗的包裝，但美味卻完全不減分。

總是以橄欖開胃。

就像這些年旅居歐洲，只要一罐醬油在手，來桌中式料理絕非難事一般。記得多年前在媒體上爭得沸沸揚揚的，關於好的食材和好的廚師何者重要？對於當時學藝不精的我來說，真是道思考不易的難題。但一晃眼多年之後，我可以很肯定的回答——食材！好的食材才是做出好料理的靈魂和關鍵，這也成為我做料理的不二法則，否則怎能單憑著這些大蒜、橄欖、番茄、鯷魚，甚至我的醬油，就能名留好菜青史呢？

關於食材二三事

跟我一樣喜歡橄欖的朋友很多，而橄欖的種類產區更是數不完，美麗的紅心橄欖又美又好吃，廣受歡迎。而這長得美美的紅心橄欖，可不是天生就有一顆紅甜心，而是人工塞進了一塊紅甜椒，不但能中和橄欖的鹹，還有增色美麗的效果，是盤飾和調酒時的最愛之一。

乳酪粉當然不是乳酪。那這玩意兒到底是什麼？誰都知道乳酪的價格不菲，區區一份百元的義大利麵，怎用得起新鮮乳酪任客人自行取用呢？所以腦筋動得快的商人就發明了這款完全「化學合成」的乳酪粉，雖然價錢也不俗，但增味又滿足客人口味，市場效益可也不小呢！

在此教大家一個購買食材時的小撇步，那就是──所有歐陸食材皆以出自於原產區為正品！例如：法國諾曼第的卡門貝爾乳酪、布列塔尼葛宏德的鹽之花、義大利摩典那的巴薩米可醋或者是西班牙伊比利的生火腿……只要掌握這原則，就不怕花上大筆冤枉錢，還嘗不到正牌好料了。

Phoebe 廚房無言的祕密

食至法國，必提米其林。這是我矢志研究與學習的目標，更是眾多饕客畢生得持續加修的學分。但在 2003 年卻發生了一樁舉世驚訝的大事，震慽了全世界人們的心──米其林三星大廚舉槍自盡了！這家位於布根地，由當時的主廚 Bernard Loiseau 所主持的 Le Relais Bernard 三星餐廳，財務面臨了極大的困境，再加上聽聞餐廳即將降星的惡耗，Bernard 主廚承受不了這雙重的壓力，就在當年米其林公佈的前兩週，以一顆子彈了結一生。這也就是後來迪士尼電影《料理鼠王》的故事主架構，並深度探討了廚師和美食評論，以及社會價值觀間的三角關係和真實性。不論背後的真相為何，同樣身為廚師又兼經營的我，完全能體會當時 Bernard 主廚所承受的壓力和辛酸，這可不是那麼輕易能為外人道和了解的。

遺憾的是需花盡數十年才得以養成的名師，好似鴻毛般就此殞落，令人不勝稀噓和遺憾！所以呢，除非你不怕死，要不然你還是建議你的敵人去開餐廳吧！

"Mojito" Phoebe in Berlin 2012

不可不知的三款酒

紙醉金迷在巴黎

MOJITO
墾丁大街上老闆 MARK
最美味的獨家配方

蘭姆酒	2 oz.
蘇打水	2 oz.
白砂糖	1 茶匙
果糖漿	1 oz.
新鮮薄荷葉（搗碎）	15 片
新鮮檸檬汁	2 oz.
冰塊（搗碎）	約六分滿

將以上材料依序加入調勻即可。

墾丁 Mark 老板的摩西多又大又過癮。

在法國，酒多得數不清，但有三款酒是喜歡法國熱愛巴黎的人不可不知的，那就是評價兩極的茴香酒（Pastis）、甜美的黑莓甜酒（Kir）和深受男女喜愛的摩西多（Mojito）。

評價兩極的茴香酒

說到評價兩極的茴香酒 Pastis，嚴格說來所謂的「兩極」，應該分為本

國人和外國人吧！因為至今我所遇到的法國人中，還找不到半個不愛這茴香酒的。但這麼些年下來，我仍是謹守著另一端，因為經驗實在太可怕，而這一驚便是個十來年。

當年初到普羅旺斯，對任何事物都好奇也帶著些恍意，酒不能喝也不會喝、乳酪不敢吃、語言不能通，能夠互通的部分實在是有限再有限。

凡事總有開始也有第一次，某天，酷暑炎熱烤得人發暈，下午廚房收班休息，跟著傑哈老師和師母回家避暑吃午餐，這才知道歐洲玻璃窗戶外的大木門窗的作用，冬暖夏涼呀！關上木窗躲在屋內，的確非常涼爽。此時，胖胖的傑哈老師早已氣喘吁吁，只見他在櫃子裡拿出了一瓶神奇的飲料，看似透明晶亮，倒少許入杯加上冰塊兌上水，則立即變為混濁的白色液體，看著老師咕嚕咕嚕的豪飲下肚，似乎暢快滿足的解了不少渴，師母熱情地也為我調了一杯，好奇又期待的我，一口飲下，立即被這可怕的

飲料嚇得不解風情地噴了一地。媽呀！這是什麼鬼味道啊？師母見狀笑到前仰後合無法自抑，老師又比手劃腳更解釋不清，而我仍杵在那一頭霧水的驚魂未定。從此，我認識了這在南法最具代表性的開胃酒 Pastis。

這款南法知名的酒，以馬賽最為狂熱，走進任何一家酒吧，Pastis 是酒單上必列的開胃酒款之一。只要直接跟酒保要一杯 Ricard 或 Pernod，他就知道你要的是 Pastis 了。這款使用大量茴香和多種香料製成的酒，八角的氣味濃豔厚重風味特殊，若從沒嘗過又無心理準備，初嘗者的下場必和我一樣。

在法國南北部飲用 Pastis 的習慣和氣質，也有著大大的不同。南部人多半喜歡坐在豔陽下，加量加冰的大口暢快才覺得夠味，而北部人則將酒裝入精美杯中，淺酌慢飲講求氣氛，這大差異是我在法國親眼所見。但無論如何，到底 Pastis 是像傑哈老師像喝可樂般暢飲，還是在巴黎人嘴裡，漫

談它的出身典故和氣質，都無法改變我根深柢固的恐懼。話外一提，有回在巴黎一友人家，發現他們狂愛 Pastis 的程度，從牙膏到孩子們的糖果都是這個口味，便可從中窺知法國人狂愛它的程度了。

甜美的黑莓甜酒

還是來聊聊這甜美的黑莓甜酒 Kir 舒服些！若沒有令人心動的香檳時，

Kir 的主角黑莓漿與知名的茴香酒 Ricard51。

Kir 可說是我的法國餐桌上唯二的開胃酒。法國人使用的餐前酒眾多，以香檳為首選，但優質香檳價格不菲，不是一般隨便可用，將就價廉質差的香檳往往反而壞了食慾。因此這甜甜黑莓果香的 Kir，便是對講究美食的法國人們還有我的第二的選擇！

調杯 Kir 簡單而容易，選擇來自第戎的黑莓漿（Crème de Cassis），兌上清淡的布根地白酒，就是一杯清爽香甜泛著紫紅瑰麗色澤的開胃酒，深受巴黎人的喜愛。也是我直到現在不論到那個餐桌上，都絕對少不了的酒款！ Kir 的香甜記憶中，交織著與每個法國家庭和朋友們的共同美好回憶。為此，有一年從巴黎飛回台北的前一晚，硬是在滿到不行的箱子裡，塞下一瓶美味的 Cassis 做為回程紀念禮。而若喜歡來杯優雅高貴的特調皇

在這裡沒有十八歲的限制，但有十八歲的心情。

家基爾（Kir Royal），則只須將基酒用的白酒改換成香檳。事實上喝這款酒大多不必太講究，但它絕對是道地簡單而又愉快飲用的餐前酒款，連不喝酒的人都可輕鬆入口。

夜晚醉人心扉的摩西多

至於這杯夜晚醉人心扉的 Mojito，則是近年在巴黎的大發現。我是從到法國遊習以後才開始一點一點的品嘗酒類，初期仍以紅白酒為多。至於調酒類則因過於甜膩，再加上容易失控，一不注意就容易過了頭，是我常年在外旅行，十分小心飲用的飲料。而那喝了會傷身，喝後又臭氣薰天的啤酒，則絕對不在我的考慮範圍內。

因有不少的巴黎友人在餐廳或酒吧裡工作，因此有機會體驗到巴黎的夜生活。除了紅白酒可樂外，有回意外的嘗到清香的 Mojito，那裝滿薄荷葉的 Mojito，是以蘭姆酒（Rum）為底，加上檸檬、薄荷及糖漿調成，是款充滿中南美洲風情的雞尾酒。雖說

調酒──就是調合你心情的酒。

不是出身法國，但在巴黎的夜吧中則是不分男女的高人氣飲料。而若想找杯好喝醇厚的 Mojito，則需花點工夫到處試喝累積多點經驗，不然就得多靠三分運氣了。

自此後有段時間我十分狂熱這好喝的 Mojito，遍嘗各處的 Mojito 比較

有看過在路邊破卡車上的酒吧嗎？
只在台灣墾丁大街有！

再三，結果意外的，幾年前在夜遊墾
丁大街時，遇到了至今喝來的極品。

那天，初冬的夜晚，位在大街邊上
的破舊卡車酒吧看來顯得十分冷清，
老闆蜷在車裡吃著幾近結凍的麵條晚
餐，雖說坐在路邊刺骨寒，但我卻被
這奇人奇景所吸引，在那個無人的夜
裡，反倒有充分的時間閒聊，除了驚
訝眼前這個怪怪先生不但多次完成以
滑板環台的壯舉，更有將來破金氏世
界紀錄的決心，說著說著讓我們不得

不跟著他，在此寒冬中一起情緒激盪
熱血沸騰了起來，但讓我們結下不解
之緣的，卻是這杯堪稱世界之最令人
驚豔的 Mojito ！

Mark 先生親手調製的 Mojito，是
用自栽在路邊的薄荷葉（有時流浪狗
們會來幫著施肥，有時清晨的環保大
隊，會咻的用割草機一刀砍下，這樣
的話，當日就只好停售了），爸爸高
山果園裡的有機檸檬，再加上 Mark
用心研究多年的配方調成，每杯總要
花上個二、三十分鐘的慢工。酒用得
夠厚、檸檬夠香，加上花了工夫搗得
細碎的薄荷葉，和那恰好的甜與冰塊
的比例，連我這除了葡萄酒以外，其
餘酒類都只能淺酌的人，再怎麼發揮
定力，都會不自覺的將其飲盡。從此
深知除了墾丁別無是處矣！就像很
多老外在吧上的唯美留言「The best
BAR & MOJITO in the world」！

這起源於南美，受人歡迎在巴黎，
而發揚光大，則在咱們台灣的墾丁大
街上！

茴香酒 Pastis

　　據說，早在古羅馬時期的羅馬人，就已有喝香料酒（在葡萄酒中加入香料）的習慣，尤其以茴香酒歷史最為悠久。自中古世紀一直到十八世紀，茴香酒、苦艾酒及一些其他的香料酒，一直受到人們的喜愛。十八至十九世紀期間，從中國傳進來的八角茴香，讓茴香酒的香味更為細緻，使得馬賽人稱讚茴香酒為「東方與地中海的結合」。此後，茴香酒在地中海一帶，即成了最受歡迎的酒品，且是今天在法國非常普遍的開胃酒之一。土耳其人也很愛喝茴香酒，又稱為獅子奶。淡淡的白色，喝起來辛嗆八角味濃但甘甜茴香酒，是一種酒精濃度偏高的香甜酒，多飲易醉，但少量飲用時可發揮催情效果。而其製作則以蒸餾法再加入適量的茴香籽和肉荳蔻等香料，創始人瑪麗‧布利查（Marie Brizard）女士於一七五五年在波爾多市設立酒廠，可謂是創製這種茴香酒的始祖。在法國茴香酒分為 Pastis、Pemod、Ricard 等，其中以「LE RICARD」為最佳品牌，是由 Paul Ricard 先生不斷改良而成。但需注意的是，絕對不可把 Pastis 放入冰箱，那年在巴黎小住時，欠缺常識的結果——結晶凍壞風味盡失。飲用時只須倒入杯中，再依序放入冰塊兌上水，以 Ricard 這牌子來說，則以五倍的水兌上一份的 Ricard 調和，所以又稱做 Ricard51。

基爾 Kir

　　是以布根地 Bouzeron 地區的阿利歌特 Aligote 白葡萄，調配黑醋栗甜酒（Crème de Casis）而成，而黑醋栗甜酒則是產在布根地的第戎地區。也可隨心所欲的，使用布根地 Chardonnay 葡萄品種的夏布利（Chablis）調製，是法國最普遍的餐前酒。而原稱 Blanc-Cassis 的白－黑醋栗，在一八七六年至一九六八年間改名為費利克基爾（felix Kir），當時的第戎市長更是大力而全面性的推廣，甚至為其招待外賓的官方飲料。爾後隨著商業性的發展，黑醋栗甜酒於一八四一年，由雞尾酒演變為受歡迎的一般飲品，最初的 Kir 之名只允許第戎地區，生產黑醋栗的達人們使用，後來更改這項規定，甚至加惠他們的競爭對手。依照國際調酒協會的標準以 1：9 的份量調製，但講究美食的法國人，硬是奢侈的於十九世紀時明定以 1：3 為量，而今講究時尚口感不過於偏甜的折衷配方則為 1：5。

摩西多 Mojito

　　傳統 Mojito 是由五種材料調製而成：蘭姆酒（Rum）或伏特加（Vodka），糖或糖漿、檸檬汁、氣泡水和新鮮薄荷葉。由於充滿薄荷和檸檬的清新氣味，是絕佳的夏日飲料。在調製 Mojito 時，先將檸檬汁加入糖攪勻，再加入搗得細碎的薄荷葉末，調入蘭姆酒攪勻即可，但千萬別過度攪拌，致使葉末腐敗。最後加入冰塊及新鮮薄荷葉、檸檬片裝飾即可。而 Mojito 亦堪稱為使用蘭姆酒為基酒的最知名酒款。

Chapter **3**

老饕帶路，品嚐歐洲菜真滋味

"Paella" Phobe in
Berlin 2012

西班牙海鮮飯
無法取代的美味記憶

Paella
西班牙海鮮飯

4 人份

橄欖油	適量
三節雞翅（帶骨、切塊）	4 隻
西班牙辣腸（Chorijo）切片	150g
草蝦	10 尾
中卷肉或小烏賊（先汆燙）	150g
紅甜椒（條）	半個
洋蔥（丁）	半個
蒜頭（大、切末）	4 個
番茄（丁）	2 個
四季豆（切段）	60g
青豆	100g
淡菜	250g
長米	300g
水	1000c.c
番紅花	4g
鹽、胡椒	適量

1. 熱鍋加入橄欖油將雞腿肉煎至焦黃，再依序加入辣腸、
   蒜頭、紅甜椒、洋蔥、番茄、四季豆、青豆拌炒均勻。

2. 接著加進長米續炒，後加入水、草蝦、淡菜、中卷肉等，
   待大火煮滾後，再以小火燉煮約一點五個小時，其間
   需做翻攪但不宜過度，並保有米心的硬度，勿過軟爛。

身在法國，周末總是令人期待。因為歐洲人的生活太單調無聊，周末若不發洩一下，可能會悶到發瘋。而法國南北部的瘋狂型態也略有不同，南部人大多你親我熟，消費能力和消費區域也很有限，再瘋，最多也不過是家庭聚會之類的活動。喝酒、跳舞、吃吃飯，說起來很是溫馨，但也頗為無聊。

在巴黎，周末可就不是這樣了！同樣無聊到快發瘋的巴黎人，周末再不狂歡，似乎就活不下去，連住在郊區的巴黎人，在週末夜都會不惜大花車錢，車換車地往巴黎跑，因為週末是唯一可以放鬆、也有理由放鬆的日子。幾乎所有的舞廳爆滿，滿街的酒吧裡，到處是醉翁之意不在酒的曠男怨女，街上不時還會上演全武行，毒品、鬥毆、流血畫面時常可見。因此，我想周末最忙的是警察，最熱鬧的是警察局吧！每當我旅居巴黎，每到週末夜，總是不消幾分鐘，耳邊就會聽到呼嘯而過巴黎市街頭的警車聲不絕於耳。

不過這是一般的市井小民生活，若是對所謂的上流社會人士而言，周末則是他們大講豪氣、講品味、講浪漫、講社交的重要日子，這與在街頭上的平民百姓巴黎人比起來，又有一番不同。也許，這才是一般人眼中認知的巴黎人和巴黎生活吧。

鄉村版法國週末夜

我的第一次周末聚會，則獻給了南部的普羅旺斯，也就是鄉村版的周末夜。當晚我受邀去朋友阿麟家吃晚餐，主菜是我十分期待的西班牙海鮮飯（Paella）。其實這樣的週末夜相較於熱鬧的台北，真的是無聊極了，但凡事總有第一次，去過之後才能客觀比較，何況還有美食的誘因，至少比起巴黎的「驚險刺激」來得安全得多了。

那是個初夏的午後，氣候晴朗舒爽帶些涼意，下午五點鐘我便開始著裝出門，穿過了幾條巷弄，來到了阿麟家，一棟古老的公寓建築。原始的普

羅旺斯充滿了南方熱情的鄉村風貌，整片的田野農舍占去了大部分的視野，就連石砌的房舍外牆，也是用當地所產的原始石塊所蓋成，頗有年歲。此時屋子裡已擠了二十人有餘，也算是個不小的 Party。初次參加法國人聚會的我，顯得有點不自在，但南方人親切熱情的待客之道，讓我放鬆許多。用餐前照例我們喝了多種開胃酒，也品嚐了在法國很受歡迎——尤其是南部人最喜愛的茴香酒，這充滿了濃重八角味的甜酒，無色透明但摻了水之後即成了乳白色，是慣用的開胃酒或解渴飲料。不過過重的八角味，對我而言難以入口不說，把燒菜用的八角當成飲料？心理上也對此有些障礙！因此至今十多年了，仍只能淺嚐。

我試著融入這場初次的法式周末饗宴。歐洲的派對模式，通常是擠爆客廳閒嗑牙。我則喜歡不時閃進廚房，欣賞在熱灶上為我們煮食西班牙海鮮飯的阿麟，閒聊外充當個助手，沒事幫忙翻翻炒炒的有趣多了。他使用了傳統扁而淺口有著雙耳的大圓形海鮮飯專用鍋，滿滿豐富鮮美的海鮮可口極了，香氣瀰漫著整間屋子，搞得我口水直流肚子更餓。

時間一分一秒的過去，古老的座鐘傳來了九聲鐘響，這群人還是擠著閒嗑牙，一點要開飯的打算都沒有。之後想來真覺得當時的自己欠常識。法國的用餐時間多在八點以後，更況且在週末夜呢？快餓昏頭的我，懊悔午餐時沒多啃兩個麵包或半盤沙拉，從先前的饑腸轆轆到現在餓過頭的無食慾，成了我在法國學到的第一課：凡事要學會慢——慢——來！但到底要多慢？就見仁見智見時空了。耗了一個小時又一個小時，該吃該喝的零嘴飲料都已下肚，只見杯盤狼藉，卻仍不見主角上桌。

令人驚醒的正宗海鮮飯

十點半過後終於要開飯，但現在的我已想回家，一點胃口都沒有了。又花了十分鐘分刀叉遞碗盤，就在大家

海鮮飯的必備香料：番紅花。

十公克就要價上千元的昂貴鹽之花。
再加上活跳豐美的海鮮，堂堂的海鮮飯
上桌囉！

傳遞食物之時，我趁機偷嚐了盤中的米飯，竟然讓這小小的嘴饞一口，驚醒了過來！也太好吃了吧！之後才得知阿麟的家族中流有西班牙的血液，這祖傳三代的正宗海鮮飯，讓人當下就像是到了西班牙一般！番紅花味的海鮮湯汁濃郁夠勁，而吸飽了金黃湯汁的彈牙米粒則粒粒分明，再加上豐富的魚蝦貝肉，和我最愛吃的西班牙臘腸（Chorizo），齒頰留香令人意猶未盡。

至今仍十分後悔，因為當晚的情緒及疲累，讓我少吃了好幾口這難得再有的美味。爾後縱然有機會旅行到西班牙，去巴塞隆納當地大啖美食，甚至慕名去到一家當地知名的海鮮飯餐廳，在大廣場上排了兩個多鐘頭的長隊，直到午夜十一點才好不容易輪到我們用餐，但可惜迎接我們的竟是一鍋又黑又黏糊，既看不清海鮮料，味重好似打死賣鹽的一盤子失望。此時，我更是深深的懷念起十年前的那一夜，和那一輩子都未必再有機會一嚐的「阿麟海鮮飯」。為了這難忘的美食記憶，我特別情商傑哈老師在我們合著的普羅旺斯料理書中，放入了這道西班牙料理，因為我知道，也有不少的台灣朋友跟我一樣對這道美食癡狂。

西班牙海鮮飯小常識

　　關於西班牙海鮮飯的作法，實在有數不清的版本，甚至經常摻雜著不少個人的經驗。源於西班牙瓦倫西亞的 Paella，原意為「鍋」即是海鮮飯的名稱由來，是當地典型的大鍋飯，基本的食材有長米、番紅花（Safron）、西班牙辣腸、高湯及海鮮或肉，因常見的種類為魚貝（Paella de Peix ou Marisco），因此常被翻譯為海鮮飯，多在週日或傳統節日時食用，或供應人多時的聚會。多年前我曾協助傑哈老師辦了一場四、五十人的露天生日晚宴，主菜便是西班牙海鮮飯，要供給這麼多人的晚餐，可以想像所備的食材、爐具是多麼的龐大了！這道菜使用了大量的新鮮魚鮮，加上世界上最昂貴的香料「番紅花」，以及辛辣的西班牙臘腸，再經過久煮慢燉而成。這道菜在歐洲已是十分普遍的料理，在許多傳統市場中的攤位裡，皆可發現它的蹤跡。隨意買個一小盒邊逛邊吃，簡直就跟吃零食一樣的方便與普及。

Phoebe 廚房無言的祕密

　　製做美味成功海鮮飯，以下的撇步不可少：

　　一、米的選擇：製作海鮮飯和所有的燉飯一般，「米」的選擇為最主要的關鍵。一般多會選擇以義大利的長米烹調。但絕不是所有掛上義大利的長米皆好吃可行，在有限的選擇下勢必要多方嘗試各品牌，找出合適的米款。現因定居歐洲之便，認識了些西班牙朋友，讓我有幸能請他們三不五時自西班牙帶米來。前段時間回台時意外發現了一款很合適的義大利米（Gallo Arborio），體形稍圓胖、入口彈牙有份量，甚至較一般的長米黏稠，口感甚好，可在一般進口超市購得，只是價錢並不菲。

　　二、、西班牙臘腸的選擇：在西班牙臘腸的選擇上，細長款比大圓款為佳。細長款的口感較結實有咬勁色澤也好，也較不會因久煮而過於軟爛。

　　三、番紅花的選擇：番紅花的使用取其色與味。這世界上最昂貴的香料番紅花，因栽種多需使用人力，成本高、事又繁瑣以致價錢居高不下。番紅花使用的花瓣部位色澤紅豔，煮食後會炫染山黃橙色，讓食物增豔美麗。而其特殊難得的氣味，更是此株最勝處。現市面上除了有冒充假貨外，也有西藏產的價廉藏紅花混淆。唯味較淡且煮食後待色一釋出，花瓣立即變成白色，也可以此辨識優劣品。

　　四、在烹調的技巧上：以小火慢慢翻炒燉煮為宜。每待高湯漸乾時再加入適量的高湯續炒，將此步驟反覆進行，至米飯熟但仍留米心微生最佳。千萬不可煮成過頭的爛稀飯喔！

" Carpaccio "

生牛肉冷盤

來自阿爾卑斯山的難忘滋味

*B*oeuf de Carpaccio
生牛肉冷盤

1 人份

牛菲力（冷凍後刨片）	大約 10 片
精緻橄欖油	100c.c
新鮮檸檬或萊姆汁（大）	半顆
鹽、胡椒	適量
新鮮帕美善乾酪	適量
芝麻菜	適量

1. 將橄欖油、萊姆汁攪拌至乳化，再加鹽和胡椒調味即成淋醬。
2. 將牛肉刨片排盤，再放上芝麻菜，後均勻淋上醬汁，再刨上新鮮的帕美善乾酪，佐以麵包一起食用。

雖說我童年時沒有機會試嚐生食，但隨著求學入社會，自然免不了接觸生食有名的日本料理。一開始我對冰冷又軟嫩的生魚片很難接受，但在一次又一次的嘗試後，如今這已經成了我最愛的美食之一。甚至，每當要出外旅行或回國後，總不忘呼朋引伴一起大快朵頤，當成旅程前後的慰藉。

西式生食初體驗

台灣的飲食習慣受日本料理文化影響極深，因而對日式生食的接受度也相對的高，但對歐美西式生食的認識和接受度卻不如想像了。猶記得初嚐生牛肉（Carpaccio）冷盤的烏龍經驗——十多年前的一個女生朋友聚餐，地點選在天母地區的一家知名西餐廳，雖然這間餐廳標榜為法式料理，但我想，離道地還是有段距離。當晚友人興致勃勃的點了份生牛肉，左等右盼的殺了不少光陰，半個鐘頭後終於上來了這盤「花俏」的料理，看得出製作的費心和巧思——切得如生魚片般厚的牛肉擺放成一朵花形，再用

幾株韭菜花拉出整個形體，霎時間的確令人驚喜，女性友人們興奮的開始舞刀弄叉起來，但得使勁才切得下去的生牛肉讓人頓感疑惑，幾個女生一陣商量後決定詢問服務生，好不容易在川流的人堆裡喚得人來，我們的話都還沒說完，服務生便咻的端走盤子再度消失，不久，砰一聲，生牛肉回來了，但這回連盤帶肉成了溫牛肉！這就是令我驚懼的生牛肉初體驗。

或許因為第一次生牛肉的經驗過於令人驚駭，第二次再嚐生牛肉，已是很多很多年以後的事了。生食之喜好端看個人，但新鮮絕對是首要條件，當餐廳沒有適當設備或充分的人力時，就無法為品質把關，就算是自己所愛，也得忍痛不上菜單，不能隨便供應壞了聲譽。

近年來，我很幸運的在歐洲遍享大江南北的生肉類冷盤，舉凡牛肉、禽類和海鮮等，頂級的生肉料理總是讓我愛不釋手！其實肉類生食並不能嚐出什麼美味，甚至有時還會造成反效

果。而美味生食的關鍵,則應算是佐配的醬汁,恰當的醬汁不但能提出生肉的鮮美滋味,更是完美料理的靈魂。就像生魚片除了醬油非得加上山葵,傳說中的殺菌功效之餘,夠嗆夠味的美感才是重點。而在西式生肉醬汁部分,不可或缺的則是各式帶酸的調味醬料,舉凡檸檬或酒醋酸都可以,或是如義大利人的另一吃法加上蛋黃醬類,也算是酸中調味料中的另種變化。但若是肉不鮮美或調味貧乏,即完全失去品嚐生肉美食的意義,對我們這群生肉擁護者而言,只有捶胸頓足不如不吃的抱憾!

令人難忘的阿爾卑斯山生牛肉冷盤

說到此,讓我想起了二○○六年在阿爾卑斯山上那令人難忘的一餐。那一次旅法身懷重任,除了為當時籌備的新書拜訪米其林大廚(後因其摔斷腿的意外,而忍痛打住),更慎重的規劃了一趟阿爾卑斯山上的朝聖之旅,這趟驚奇又艱辛的旅行,不說上

個一天一夜則無法盡述。

朝聖地在梅傑夫(Megève),一個阿爾卑斯山腳下純樸乾淨的鄉間小鎮,據說有一座仿聖城耶路撒冷,當年耶穌受難背負十字架上山的苦路,在此稱為「受難小徑」(Chemin du Calvaire)。身為基督徒的我大受這樣的美情美景感動,因此便決定在這趟工作的旅程中,也一起完成宿願。當時不知哪來的膽,就這麼不知天南地北的,在暑假大旺季完全沒有計畫沒先訂位,完全憑著天意和運氣步上旅程。當然,一路上歷經的波折、害怕、恐懼、驚喜和神奇連連不斷,至今想來仍然是趟不可思議的旅程。記得朝聖完後的隔日上午,搭乘當地的紅色小火車攬勝登峰霞慕尼(Chamonix),看著窗外景物距離地面越遠,愈是難掩心中的悸動,爾後站上山巔遼望壯闊流洩的冰河,以及靄靄白雪滿佈的蒙布朗峰(Mont Blanc),哪怕是豔陽高掛的夏日,仍融不盡那山巔的千年積雪,更燒不盡我滿心的激動和感動。接著,隨著

眾人的腳步來到座落在山頂的知名餐廳，不消說在此時此景下，這兒的食物對我已不是那麼的重要了。

日正午時，一片遮陽的傘海下座無虛席，單身的旅人屈指可數，人單勢薄下只能與人併桌，但幸運的，併桌的地方卻有著最寬敞無礙的視野景色。開始好奇的張望起四座的餐食，雖然對這裡的食物品質打著不少問號，但好奇的我還是要放膽一嚐。當我正在專心研讀菜單時，「妳該試試我們當地最知名的牛羊肉。」餐廳的女主人親切但堅定的告訴我。當然，這是阿爾卑斯山區最驕傲的事情之

一，有著得天獨厚的天然牧場，優質的水質、牧草、天候和空氣，再加上善牧的法國人，肉質若不良就太沒有道理了！不囉嗦，當下又點了我最愛的生牛肉和烤羊排，就來個牛羊大會吧！等待時刻，邊欣賞著美景，邊悠閒地腳打著拍子看人群，滿是信心地期待著我的美食上桌。不久，侍者端上了足夠兩人共用的豪氣生牛肉，頓時讓我有些傻眼，看來光這一道牛肉就足以撐飽肚子，甭談還有下一道的羊排了！欣賞了一下大方的擺盤，不知如何下手，光用看的就知道肉不薄，切下一塊放入口中，嚼來不但鮮美多汁肉香十足，還細滑嫩韌富有彈性，與一般生牛肉料理的軟爛口感截然不同，再加上濃濃馨香的橄欖油和淡雅清爽的萊姆芬芳，以及佐配的芝蔴菜等的微辛辣口感，顯得更加對味夠勁。心曠神怡地坐在阿爾卑斯山的廣闊天幕下，雲淡風清得舒暢開懷！

生肉料理小常識

　　生肉料理的義大利文是 Carpaccio，是十五世紀文藝復興時期一位義大利畫家的名字，因其作品風格偏向亮麗紅豔的色彩，像極這道色澤鮮紅有著漂亮紋路的生牛肉，因此以其為名。又一傳說約在一九五〇年左右，當時在威尼斯的餐館，風行為愛美的女客人規劃窈窕菜單，因此這道清爽不油膩又肉味鮮美的料理，大受當時仕女們的歡迎，甚至是高尚流行的指標，爾後更是成為義大利餐桌上不可或缺的經典佳餚。這道菜以無骨且佈以均勻油花的牛菲力為主，由於少了爐火的烹煮，更能輕易品嚐其肉質的鮮美多汁，若可選用犢牛菲力則更佳。先將菲力冷凍後刨成薄片（手工切片較厚且不細緻，最好以刨片機處理成適當的薄片）鋪在盤上，再佐以油醋汁或芥末蛋黃醬，生菜類和帕美善乾酪等一同食用，風味絕美。

Phoebe 廚房無言的祕密

　　西式的生肉冷盤菜色頗多，如果想要嚐鮮，著名的韃靼魚貝，或是生鴨肉冷盤都在我的首選之列。這兩道生肉料理非常好吃，但卻都不算常見，若有機會上高級餐館用餐，若碰到這兩道菜色時請務必一嚐。

"Tapas"

西班牙小食 TAPAS
讓心情狂奔的美味小尖兵

il Blanc

馬德里大廚 Alberto Herraiz 的
西班牙大蒜杏仁冷湯

2000c.c 的量 約 10 人份

杏仁（去皮）	350g
鄉村麵包（最好用隔夜的舊麵包）	200g
蒜頭（大）	2 顆
冷壓精緻橄欖油	350c.c
雪莉酒醋	100c.c
水	1000c.c
鹽之花和白胡椒	適量
白葡萄（去皮）	

1. 將杏仁、麵包、蒜頭用鹽、胡椒調味後，放入密封罐
   並放入冰箱冷藏 12 個小時。
2. 後再用調理機打碎，並慢慢加入橄欖油、雪莉酒醋打
   到乳化，再加水稀釋拌勻，盛盤後滴入幾滴精緻冷壓
   橄欖油，再放上去皮剖半的白葡萄做裝飾。

說起這令人興奮的西班牙 Tapas，心情頓時就慵懶放鬆了起來。當年去西班牙旅遊，一大主因是為了一嚐那傲世的伊比利火腿，再則就是為了那一聞其名便讓人倏地懶了起來的 Tapas。在這充滿熱情拉丁風情的國度裡，絕對要啖美食、賞美景和大力瀏覽潮來潮去的人群，那種難得自在的氣氛，真會讓人懶得沒話可說。由於西班牙之行的時間有限，我們只能選擇豔陽四射的美麗大城——巴塞隆納。巴城是個沿海的港口，在蘭布拉（Las Ramblas）觀光大道的盡頭處，可看到各式各樣的遊艇和漁船在港內外進出、停泊，湛藍的海水倒映著蔚藍的天空，乾爽的氣候加上舒適的溫度，正是出遊的好時機。

當傍晚溫度降低時，自港口吹來的陣陣海風，那甘甘鹹鹹的味道，也正道出了巴塞隆納魅惑眾生的超級吸引力。這是個愈夜愈美麗的不夜城，狂歡的人們非到曙光乍現，才會自街頭散去，因此若你是個中規中矩的旅人，絕對會想對這擾人清夢的熱鬧氣氛丟雞蛋，不但氣呼呼的一夜不得好眠，還外加狂罵到天明！

在巴賽隆納吃 Tapas

巴賽隆納是歐洲人夏日渡假的熱門景點，有著數不清的 Tapas 小酒館，就連知名的聖荷西市場（Mercat de Sant Josep）裡，都賣著各式各樣的下酒小菜，讓人不論何時何地到哪裡，都有得吃。Tapas 是西班牙獨特的小酒館飲食文化，其最大的特別處是種類多、份量少、價錢合理，又可隨心所欲的挑選個人喜好的口味。更標榜以各地區的食材物產變化而調理，不但盡現地域風土人文，更是最輕鬆可得的國民美食和國際料理。

西班牙人吃晚餐的時間比法國人更晚，約莫晚上十點才開始上桌，縱然也有全日供餐的餐館，但這種晚食的飲食文化，已為其生活習性之一。晚餐前的古城巡禮，讓我們彷彿走進中世紀的時光機，迎著夜晚的微風，閒晃在這些古老建築的巷弄裡，一面想

像著過往古人穿梭在此的情景，頗為耐人尋味。緊接著，我們便開始為了挑選餐廳而忙碌了起來，幸好懂吃的法國友人們對美食的研究無國界，再加上文化同源，很快的便比較出各家的菜色優劣。

選出了理想的落腳小舘，館子裡人聲鼎沸，客人川流不息以當地人居多，就知道來對了餐廳。吧台上，壯觀的擺滿了一盤盤的小菜，約莫二三十道，食物堆得像座小山，讓人大喊過癮。在地人是不會像遊客一樣坐著享用的，他們多半已有十分熟稔的店家，站在吧檯前聽著侍者或酒保介紹當日的 Special，然後點上幾道喜愛的菜，喝著啤酒天南地北的狂聊，然後一家換一家，聊到盡興深夜時分才回家呼呼大睡。

擠在滿座的餐舘人堆裡，沒人在意和抱怨這又擠又小的空間，反而是愈擠愈 High 愈盡興，愈吃愈起勁。我們選的是一家設計感十足又摩登的館子，坐在戶外樹下的露天區很

有 Fu，接著如往常般很審慎的研究起了菜單，挑了近十碟的小食，很幸運的，我們所選的每盤小菜都很可口美味，有酥炸的蟹螯棒、醋漬章魚、西班牙海鮮飯、鹽漬沙丁魚朝鮮薊冷盤，煙漬鱈魚和著名的橄欖油番茄烤麵包等等，搭配著啤酒或西班牙著名的桑格里葉水果甜酒（Sangria），不到夜半三更不醉不歸。但至今仍令我納悶的是，每天這麼吃喝的西班牙人，隔日要如何上班呢？這種每天過著夜生活的生活方式，在歐洲算是十分罕見，但不論你跟誰聊到西班牙的

橄欖是地中海的重要經濟作物。

Tapas，幾乎又無人不愛呢！

傳統的西班牙酒舘，有著古老的原木裝潢，吧台頂上吊滿了各式的生火腿（尤以伊比利生火腿最知名），約三五十種的 Tapas 用大碗大盤盛裝著放滿吧台，沒人在乎擺盤的華美，還是優雅的用餐環境，完全自由的享受在這輕鬆的氛圍裡。由於受到人們的喜愛及大力推崇，現在歐洲國家很盛行在各種餐館的菜單上，都擺上自創的 Tapas，不但藉此表現廚藝，也便於客人搭配菜色。

Tapas 在法國

幾年前，在法國也開始流行起了「精緻化」的 Tapas 餐廳，優雅又重視用餐氣氛的法國人，硬是把這受人歡迎的小酒館風情和下酒小菜，以更精細化的法式風格來表現，不論視覺還是味覺都別有一番風情。還記得很喜歡一家在巴黎的 Tapas 餐廳「Focon」，據說這位來自馬德里的主廚 Alberto Herraiz，十多年前便在聖母院附近開了一家只有幾張座位的小店，專門供應各式的西班牙冷湯（Gaspacho）。可想而知，在當時美食環伺的巴黎街上，有幾個人會欣賞這來自馬德里的窮小子冷湯呢！但他不曾放棄，堅持理想努力不懈地研發各種口味，並改良用更精緻現代感的呈現方式，取代「太過自然」的西班牙原貌，最後終於受到各大名廚的注意及鼓勵，在離原址不遠的聖哲曼德佩區，重新開了這間只供應晚餐只接受訂位，每晚可翻桌三次的 Foncon，在這裡不但仍可嚐到獨家優質的冷湯，以及精緻美味創意與傳統兼具的 Tapas，還有那道地招牌的海鮮飯。

拜好友東尼的女友之賜，在這裡擔任二廚的她，讓我有幸參觀這間餐廳的作業，更與 Alberto Herraiz 伉儷做了個小小的訪問，最後還得到其親筆簽名的冷湯大全一書，更是驚喜萬分。可再次證明的是，成功絕非偶然，真金不怕火煉，幸運之神是遲早會降臨的！

Tapas 小常識

　　如此迷人的 Tapas，據說最初是為了那些捕魚郎或水手，習慣早餐後到港口的市場裡喝個兩杯，但礙於市場內蚊蠅飛舞，店家便習於將麵包覆蓋在酒杯上阻擋蚊蠅，之後更發展出了各式小食，佐配麵包搭著餐酒的飲食習慣，Tapas因此孕育而生。西班牙順理成章的是吃海鮮料理的天堂，西班牙的婦女更是烹煮海鮮的高手，因此在巴塞隆納吃海鮮就有數不盡的選擇。而有名的 Tapas 也多以煎烤海鮮或醃漬海鮮類為主，如醋漬章魚、醃鱈、鹽漬沙丁魚冷盤及橄欖等，這些美味又少負擔（無論是身材或荷包）的 Tapas，是我個人很喜愛的用餐氣氛和輕食概念料理，希望有機會大家也不妨悠閒一嚐。

Phoebe 廚房無言的祕密

　　以我所了解，西班牙民族性崇尚隨性隨意自由慵懶，想必 Tapas 的創作和料理也必呼應這種特色。所以自製 Tapas 小食時自可不必拘泥於任何形勢，自由創作最是好吃又有趣。前幾年到南法丹尼家做客，身為校長的他公務繁忙，回家後不但仍須處理公事，還花了不少時間在他的大花園裡，雖是單身，但凡事處理得有條不紊簡潔清爽，唯獨對吃就隨便應付了事啦！我們到達的那晚，他很是慎重的處理待客晚餐，手腳乾淨俐落口味也不差。但接下來幾天的烹調重任便自然的落到了我身上。丹尼的廚房用具齊全，烹調所用的瓶瓶罐罐也樣樣不差，尤其對單身大男人最方便的罐頭食品，也整齊的在櫃子裡排排站好。

　　所以把冰箱裡開罐的「剩菜」掃光，便成了我展現廚藝和節省成本的重責大任。

　　有天丹尼想邀朋有來家裡小聚喝兩杯，除了午間一同上了市場採買了些主食的肉類加菜外，午後我將冰箱裡的火腿香腸乳酪，櫃子裡的果醬沙丁魚，園子裡的香料和廚房裡的乾麵包等，或煎或烤或調味後做了些簡單美味的 Tapas，自然的我們有了一個美好的夜晚。

　　所以，不妨學習西班牙以最隨意自在的創意出你的 Tapas 晚餐吧！

"Jamon
Iberico"

Phoebe Hu
Berlin
2012

伊比利火腿

凝脂香滑入口即化的傳奇美饌

Jamon Iberico
伊比利火腿

天賜的美味，不須無謂的調理。
道地的話再搭配一杯雪莉酒，必讓你滿足得說不出話來了！

老爸是個美食家也是個料理高手，似乎東西方的家常料理都難不倒他，吃不起館子的我們就得想辦法在家自己做，也不知他為何總是有這等本事，能把難得吃到的館子菜依樣放上我家的餐桌。身為北方人的爸爸做菜粗獷豪邁，沒有精緻的視覺，但帶勁夠味，總讓人意猶未盡印象深刻。老爸在老美軍俱樂部擔任音樂工作時，有機會碰到來自四面八方的人，因此跟印度人學會了印度咖哩，跟俄羅斯人學會了羅宋湯，跟四川人學了豆瓣魚，跟上海人學會了燻魚，也和老美的學到了美國菜……在那個不容易上館子的年代，我家卻總是像上館子般的開桌。經濟環境雖不富裕，卻沒讓我挑剔的味蕾因此而屈服，隔夜的菜不吃，太軟或太硬的飯不愛，冷食和熱食的講究，連媽媽做的麵疙瘩，我都不放心的在旁監督，麵糊的濃稠和麵團的大小，以及湯頭的濃淡對味，這等搞怪難伺候的龜毛挑剔，哈哈，讓我的童年不知挨過父母多少罵。

也因為爸爸工作的關係，我們比一般的家庭多了些嚐到洋味的機會，舉凡火腿、乳酪、巧克力、牛排、漢堡等等，在那個貧窮的年代，這種豪舉可算十分稀奇，我想，這也為我奠定了日後喜愛西式料理、烹調西式料理的基礎。

沒有人不愛火腿

幾乎所有的洋玩意都引不起媽媽的興趣，唯獨火腿能獲得她青睞。隨便夾片土司做個三明治，或索性抓片火腿當零食，都讓人感到滿足，這也是我們童年的快樂回憶之一。

過去我對火腿沒有太多的認識，只有好不好吃的差別，直到從事餐飲工作後，才漸漸的了解其中的學問，什麼生的熟的，產自不同國家，不同製作方式等，花樣還真不少，更有一些傳統名菜，是以火腿入菜而著稱。殊不知那薄薄的一片肉，竟有著如此大學問。多年前讀了一本林裕森先生寫的歐陸傳奇食材好書，相信很多跟我一樣愛吃又想更懂吃的人都拜讀過。

火腿下方的三角集油槽,是檢視熟成狀況用的喔!

之後終於逮到了一個旅遊西班牙巴賽隆納的機會,這美得像藝術品般的城市,加上了多位藝術家們的加持,使得整座城市充滿了與眾不同的色彩。曾在高中西洋美術史中讀到,讓我景仰已久的近代建築之父安東尼高第(Antoni Gaudi),其大作「聖家堂」(Sagrada Familia)現正活生生的跳躍在我眼前,不但讓人驚嘆高第在建築設計上的獨特優異,對社會強烈的責任感與敬業精神,更讓人充滿了對他無限的景仰與追思!

書中有趣又詳盡地描寫了歐洲大陸的幾款重要食材,寓教於樂好看極了!個人對書中所提的伊比利火腿,感到無比的好奇,接著又查詢閱讀了更多關於此火腿的資料,雖自詡嚐過不少的火腿,尤以義大利巴麻火腿(Prosciutto di Parma),或法國的貝詠火腿(Jambon de Bayonne)等最為熟悉,但這伊比利火腿的神祕複雜,似乎難以光憑想像就行得通。我為此對嚮往已久的西班牙之旅更加期待,最後只盼儘早能嚐得這美味。

高第出生在一個鑄鐵匠的家庭,從小就習得一身好手藝,之後立定志向從事建築,為巴塞隆納留下了十多座的精采作品,只可惜身後仍留下了一座至今尚未完成的作品。夠你仰頭朝拜到脖子酸的建築大作「聖家堂」,我們從地鐵站走出來,立刻被眼前這雄偉壯觀的聖殿建築所震撼,那幾近遮去半邊天的視野,那高低錯落的獨特造型,迥異於一般教堂的典雅傳統,表現了濃濃的西班牙民族風和大膽奔放的生命力。高第對大自然細膩

的觀察及豐沛無盡的表現，無疑是對上主獻出最高的讚頌！在他的作品裡完全展現了深厚的宗教知識和美學素養，並對科學、力學、照相學等的研究深刻無疑。

西班牙美食之旅

當然來到這夢想中的西班牙，除了盡賞大師之作充實精神領域外，對另一內在的滿足也是非常重要的一那就是吃！西班牙的美食聲名遠播，哪裡能吃到好吃的海鮮飯？哪裡可嚐到一晚換個五六家餐廳的 Tapas？哪裡可找到期待已久的美味伊比利火腿？都成了接下來幾天的重要任務。

說來十分慚愧，雖然旅遊西國是個夢，一旦成行卻倉促的未做任何行程規劃，只憑著友人的單薄記憶，便貿然的從巴黎一路卜行，雖然盡賞了斷崖懸壁的壯闊，海天一色的絕美，但惶惶不知接下來要何去何從。還好就在初抵巴城時的簡便午餐餐廳內，意外的碰到了來自台灣的留學生，一群

充滿果香濃郁的西班牙酒，很熱情拉丁。

人熱情又熱誠的指點我們旅遊迷津外，還大方的捐獻一張做滿記號的寶貴旅遊指南，總算是為這烏龍的旅程注了劑強心針。

其實旅遊巴賽隆納也並不難，只要手邊有張地圖，無論開車或搭乘地鐵都能暢行無阻。首先我們逛起了市中心區的蘭布拉大道，沿著這條路走就會找到附近知名的聖荷西市場，據說這是全歐洲數一數二的大市場，逛市場我最有興趣了，馬上二話不說的殺進去想血拚一場。這裡到處是鮮美的海鮮、來自世界各地五顏六色的瓜果、西班牙當地著名的沙丁魚、海鮮飯的主角之一西班牙辣腸，以及那掛得滿市場的伊比利火腿，我在這偉大

書於梢杧

神奇的火腿下行了不少注目禮，一心想著何時才能將這美味吃到口呢？

在友人的推薦下，我買了一盒在台灣難得嚐到的紅石榴。紅石榴原產於祕魯，是人類飲食史上最古老的水果之一，汁液常萃取來調製飲料。這石榴的賣相十分可口，而且商人還貼心的挖出果肉裝盒方便食用，但很不幸運的，因天氣太熱的關係，這美味的石榴早已腐敗，央求換貨？算了，胃口盡失！

既然來了夢中的美食勝地，我的美食慾望和身為主廚的責任感，當然不容我空手而回，先到海鮮攤上買了幾罐西班牙的鹽漬沙丁魚，在這群法國老饕的交代下，我還得精明的挑選白皮魚身的才能稱得上佳品。這種浸醃在粗粒海鹽中的沙丁魚，食用前需用清水沖洗掉身上的鹽粒，擦乾後再配

著橄欖油醋等做成沙拉、前菜或三明治。接著又抱了幾串西班牙辣腸，這些西班牙的美味食物，是旅遊西國時絕對不能錯過的。若非伊比利火腿又大又重可能也無法闖關，我可是早已打定主意扛個整支回台北呢。接著幾天，我們在那騷人墨客流連忘返的「四隻貓餐廳」（Els Quatre Gats），還有那數不清的 Tapas 小酒館天天解饞。尤其是狂嗑我夢寐已久，全世界最頂極的伊比利火腿（Jamon Iberico De Jabugo）！說到這厲害的伊比利火腿，那可得跟大家好好的介紹一下了！

珍貴美味的生火腿

第一次品嚐這珍貴美味的伊比利火腿，由於價格不菲，一百公克就要價二十八歐元大洋的價格，先點個一小盤來試試。架在專用架上的火腿以手工現刨，顏色赭紅且佈滿了乳黃色如蛛網的油花，散發著濃郁的乾肉香及榛果味，其油嫩圓熟的口感、豐富多層次的滋味、入口後那脂融於口的感

淡雅核果香氣的伊比利刨片,薄才是王道。
兼具清新又濃郁的蒜香番茄果泥,是佐配麵包
的絕配,只有在 Bellota-Bellota 才有喔!

官和乾果香氣,尤以不死鹹的回甘滋味充滿味蕾許久不散,最讓我津津樂道。頂級的伊比利生火腿,用的是放養在橡木林中,吃著橡木子(Bellota)增肥的伊比利豬,再以粗海鹽調味,懸掛在空氣流通處風乾約兩年,讓自然的氣候慢慢孕育出火腿裡細膩滑嫩的乾果香。自此以後對我來說,非伊比利可稱得上火腿了。

雖然無法屢屢造訪西班牙的 Tapas 小酒館,也不是太容易能嚐得這美味的伊比利火腿,但每當重回巴黎時,總能在名廚喬艾爾·霍布匈(Joel Robuchon)的 L'ATELIER 餐廳裡,或者是位在 Rue Jean Nicot 的 Bellota–Bellota 西班牙小酒館中重溫舊夢。這幾年我們非常幸運的是認識了一位西班牙姑娘瑪麗亞,她爸爸就是飼養伊比利豬和製造火腿的專業高手,讓我們每年都有來自西班牙最鮮美的火腿好食。

不論在餐廳裡點上一盤,或如我們的每年一聚,都不忘來杯西班牙的濃郁紅酒,或是有名的雪莉酒佐食(記得選用不甜的雪莉酒更好喔),這美麗熱情的瑪麗亞,總是在酒過三巡酒酣耳熱之際,大膽奔放地跳起性感的佛朗明哥熱舞來助興,讓我們大開眼界的見識拉丁人的性感奔放,那性感的舞姿,甚至連女人看了都會噴鼻血,不消幾分鐘就能讓人解除武裝,放膽享樂狂歡。大口吃肉大口喝酒大聲唱歌的瘋狂之夜才正要展開!

伊比利火腿小常識

　　產此珍品的地方在西班牙西南部偏僻的哈布果村，而其超高品質的關鍵，在那奇特的伊比利黑蹄豬，由於合宜的氣候及滿山遍野的樹籽，此處成了伊比利豬最享受的美食天堂。伊比利豬的豬毛稀疏柔軟、體型中等，增肥後大約為一百六十公斤，且皮下脂肪豐厚分佈在肌肉之間，成了美麗的大理石花紋。由於橡樹每年只在秋天結果一次，因此多在樹林中先圈養一年後再放山增肥。伊比利豬的食量不小，為控制理想的體重，以每一公頃放養一隻為佳，最後再取其後腿（約九到十一公斤左右），以整隻連腳帶蹄帶骨的後腿製作，首先在低溫的醃製房內以粗海鹽覆蓋，以每一公斤醃一天為原則，再以攝氏三度配約百分之八十左右的溼度，達到最均勻的醃製效果，隨之進入熟成的階段，使其緩慢地變乾，鹽份逐漸內滲，爾後再將火腿懸掛在通風的乾室內一年左右，以每一公斤風乾熟成三個月為原則，隨著季節和溫度的變化，所生的化學反應，使出現其特有的香味，此階段通常約需十三個月左右。最後再經由專業的人員以魚骨探針進行檢視，且依伊比利豬吃橡木子的多寡分為橡木子等級（Bellota），餵飼料等級（Recebo）及飼料等級（Cebo），就這樣，美味的頂極生火腿誕生了，雖然耗時，但一切自然天成，省下不少人力。不但成了所有西班牙 Tapas 酒館裡的壯觀裝飾物，更是酒館中不可或缺的絕妙佳餚，混和著酒館內鼎沸的人聲，和不羈忘時的歡樂氣氛，幾成旅遊巴塞隆納最難忘的回憶。

Phoebe 廚房無言的祕密

　　放眼世界各國火腿品項如入大觀園。各有所長所用所標榜，實難以我個人來評比論定。尤其身為專業主廚美食家，了解食材擅用食材尊重各有的優異，不為任何料理設限但懂得拿捏運用，我認為是一個優秀料理人應有的專業和素養。

　　單就本篇火腿一題，個人認為因著國情文化風土地理而有異。但好的火腿必能以感官選擇：色必紅潤新鮮、肉香芬芳清新、口感「汁」潤不澀不柴、嚼勁軟且韌、味不鹹膩餘韻綿長。以上是個人認為好火腿的必備條件，這些雖是基本原則，但別忘了，親自嚐試累積經驗，也是想吃到好火腿相當相當重要的一環。

"Champagne" Berlin -01-

即興香檳外一章
原來香檳也可如是吃喝

*B*earre Blanc Sauce
香煎海鯛魚佐香檳苦艾酒奶油醬汁

海鯛魚	
鹽和胡椒少許	
紅蔥頭（切片）	2粒
蘑菇（切片）	5朵
香檳氣泡酒（不甜）	150cc
苦艾酒（Noilly）	50cc
香檳酒醋	40cc
茵陳高枝	1
鮮奶油	125cc
奶油	100
檸檬汁	半顆
香檳氣泡酒（不甜，起鍋前使用）	50cc

1. 海鯛魚醃鹽和胡椒備用
2. 將紅蔥頭、蘑菇放入鍋中，再加入香檳氣泡酒、苦艾酒、香檳酒醋、茵陳高一起加熱煮到收汁的狀態。
3. 再加入鮮奶油，煮開後續加入奶油塊拌勻，煮至濃稠。後用濾網過濾後再回鍋煮開。
4. 續加入檸檬汁攪拌，於起鍋前加入香檳提味即完成。

寫作此書接近尾聲之際，某日在整理文章時，正欣喜這些年來在法國的戰績頗豐，上山下海、城市鄉村、名山勝景、不毛之地，南北東西的闖蕩下來，不僅讓我的人生見聞添光添彩，更對法國的文化、人文、生活面貌的認識，有了絕對的助益，當然，也讓我更加深愛這個國家。就在陶醉之餘，突然間驚覺，是否在法國東邊漏了幾處未訪之地？而且還是不小的幾處地方！當下立即翻箱倒櫃地找出我專用的法國地圖，「它」可是陪著我征戰了這好些年，有著我出征揮灑的汗水，有著我足跡踏過的記錄。

翻開了地圖找啊找的，頓時目光停留在較北的香檳區（Champagne），天哪！還真的漏了這兩個重要的大城市呢。接下來的幾天，我就開始抱著地圖和旅遊書籍不放了，天天做研究、做筆記。這兩區除了有鼎鼎大名的勃根地美食美酒、第戎區聞名的芥末醬，當然最最重要的，莫過於饕客品酒家們趨之若鶩的法國香檳囉！這個地區的名產不少，第戎芥末也是世界知名與「法國香檳」舉世聞名，甚至香檳一詞也僅限於生產在此區的香檳所用，絕非任何氣泡酒水可混為並稱。香檳，幾乎是所有慶祝時光的必備助興飲品、表達愛情時的催化劑，更是高貴奢華的表徵。但多年從事餐飲業的經驗，我發現，喜歡香檳與否的顧客比例只約佔一半，多數人只視香檳為一般的開胃酒，助興味勝於品嚐，甚至把一般的氣泡酒當作香檳品飲的顧客比例也相當高。所以，看來此趟的香檳區巡禮，不論是個人在知識上的了解，或是實地的體驗，都極有其必要。

接著就開始聯絡台北的酒商好朋友們。打了電話給酩悅（Moët）的Fenny，我們一起合作也好多好多年了，當時的我們都剛入行，都屬大菜鳥的階段，一轉眼下來，十幾年過去了。Fenny經過了幾間大小公司的歷練，轉換過許多不同的職務與業務性質，變得更成熟幹練──我總是欣喜樂見一同工作或合作夥伴們的成長與榮耀。

遠渡重洋的國際聯繫很是不易，時差和通訊品質的問題已很惱人，光是聯繫就耗費了我們許多時間，由於時間與法國年底休假等因素，使得原先造訪三家酒廠的計畫無法如願，最後只能單純的拜訪 Moët。待我們取得了 Moët 的回覆，二〇一〇年底，我們終於從柏林飛往巴黎。

飛往巴黎奧里機場（Orly）的機會並不多，此行與杭州籍美眉同行，並情商她擔任我的攝影師。美眉在柏林讀大學，是一個很有理想又懂事的中國年輕女生，也利用所有能利用的課

餘時間在校外打工，賺取學費減輕家人負擔。咱倆很興奮能作夥同行，但節省旅行經費成了我們的最大課題。

此趟旅行中可真是學了不少的省錢方法。首先她建議搭乘便宜的航空公司 easyJet，這家公司機票之所以便宜，完全因為除了便宜機票外別無所有，沒有服務、沒有餐點、沒有水更沒有熱情。既然雙方各得所需，那其餘所求皆為多餘。善解人意的 Moët 工作人員 Katarzyna，不但認真地安排了我們的行程，還派出了賓士座駕接送我們來回巴黎到 Moët，這不但解決了咱們不識路的困擾，也為咱們又省下了一筆旅費，真是賺到了呢！當車行進入大勃根地區後，眼見遠處田野間熟悉的大大小小葡萄園，心裡突然有種莫名的激動和感觸。

雖然現居德國的我離法國如此近，但反而沒有機會常來，兩年多沒來法國了，感覺陌生許多，這些葡萄樹和古樸的房舍，勾回了我熟悉的感動，雖是入冬時節卻也暖心許多。經過了

一個半小時左右的路程我們到達了 Moët。

先在 Moët 的接待區稍事休息和參觀，滿室 Moët 標誌螢光橙與黑白的摩登設計，煞是新穎可愛！我們的中國美眉立即拿起相機善盡職責。十分鐘後 Katarzyna 朝著我們走來。身著黑色制服滿臉笑容，操著流利英語的 Katarzyna 原來是個波蘭女孩——不富裕的波蘭生活不易，因此大多數的年輕一代便順理成章遠走他鄉。Katarzyna 喜愛法國香檳又專研大眾行銷，之前與我們多次聯繫，雖未曾謀面過但也絕不陌生，因此我們迅速地進入今天的參訪行程。

曾經聽過最棒的品酒課程之一，是好多好多年前，當時擔任台灣酩悅總經理的 Nadia 上的香檳課。同樣擁有廣告人背景的她，擔任行銷業務的工作，提案簡報自是難不倒她。Nadia 透過剪輯製作的投影片，專業又生動精彩的演說，條理分明的章節，口條精準到位，聽得我們如癡如醉興致盎

然，彷彿神遊了一趟香檳區一般。尤其是多年後仍令人記憶深刻的功力，能在三十多歲就有此成就，真令人很是佩服！擁有三百多年歷史的香檳，據說是由十六世紀時的天主教修士唐培里儂（Dom Pierre Pérignon）所發明。這原先原因不明的氣泡瑕疵，和不時會發生氣爆案的危險飲品，經過千錘百鍊的修正與研究，竟也爆炸性的成為當今的時尚與尊榮的表徵。

Katarzyna 帶著我們由 Moët 的歷史、家族史的演進，說到最令人玩味的靈魂人物——凱歌夫人（Madame Cliquot）。凱歌夫人出身上流世家，擁有優越良好的教育背景，二十歲左右嫁入凱歌家族，與先生鶼鰈情深，育有一女。與一般操持家務的女性不同的是，凱歌夫人對於丈夫繼承的家業甚感興趣，常常樂於聽聞分享並經常伴隨訪視各業務。不幸的是凱歌夫人二十八歲時，遭逢先生驟逝，從發病到死亡，在短短不到兩星期間頓成了年輕寡婦。但擁有龐大家族事業的凱歌夫人收拾起悲傷，一反當時女子

Moët 的百年酒窖與珍釀。

常態,憑著知名銀行家家傳淵源的優勢,開始研讀專業書籍深入市場研究開發,決定接下先生的重擔整裝再發。爾後竟也一手打造出更輝煌的凱歌事業新版圖。

在展示凱歌歷史沿革的沙龍裡,仍能看到那張被人津津樂道的夫人牌行動書桌,那是凱歌夫人所到之處都不忘攜帶的隨身之物,以便隨時處理公司事務。對此 Katarzyna 開了一個小玩笑──抱怨筆電發展得太遲,否則凱歌夫人也不須帶著書桌隨行。凱歌夫人處事嚴謹,不但有著女人的細膩敏感,更兼具男人的膽識與積極。例如對其選為凱歌商標色的螢光橙,在當時的印刷技術下是何等的不易表

現,但凱歌夫人對此色差的嚴格要求與把關,終究創造出了這艷力四射時尚品味。而就其在一八一四年戰亂期間,仍不顧一切的繼續冒險運送香檳到俄國銷售的勇氣與智謀,都不是一般商界男女可輕易做到的。為紀念夫人的睿智與對凱歌的貢獻,凱歌集團特以「La Grande Dame」的頂級香檳,來緬懷這位偉大傳奇女性的一生!

接著我們開始向下參訪古老的酒窖。酒窖陰暗微寒不見天日,很難想像古人們成天在這陰暗處工作的心情。酒窖裡有條理的分工分區,也為當年在凱歌竭盡心力,付出一生的優秀釀酒師們建碑紀念。接著我們來到凱歌皇后的另一創舉的轉瓶區

（Pupître）。話說當年夫人創下了凱歌的驚人業績，供不應求，但製作過程中的瑣碎繁複，主要來自耗時的除渣過程。這是一直以來製作香檳的最惱人事之一。但從不屈服於困境的凱歌夫人卻不受阻撓，終在一夜間靈光乍現的發明了對日後貢獻甚鉅的「轉瓶法」，徹底的解決了阻礙生產最劇的除渣工作。當 Katarzyna 拿起佈滿灰塵的酒瓶，示範轉瓶與細看沈澱變化過程的當下，個人在心裡很篤定的對自己說：「只怕有心人哪！」

在這不小的酒窖區也待了近一個半小時，看完遠古時期的酒神保護莊園的壁畫圖後，我們拾級而上，而腳下所踩的石階正是歷年來凱歌的豐功大事紀，就在一心想著趕快前往 Moët 的貴賓招待所用午膳之前，再次深深的對同為女人，但成就非凡的凱歌夫人致上我們最誠摯的敬意，因為她不屈不撓的意志力，實為女性之光，更欽佩她在香檳製造工藝的貢獻，不然今日的我們，有怎會這美味又充滿浪漫的香檳可嚐呢？

寒冷和止不住的美食想像讓我們更加飢餓，在與 Katarzyna 道別前，趕緊掏出了預備好的聖誕禮物，表達我們的感激之情。這可是我們在柏林時攪盡腦汁才想到的好禮物，源自德國的高貴傳統工藝，果然讓 Katarzyna 欣喜不已。接著咱們的紳士伯伯又準時地載著我們轉往招待所午餐。

話說行程前小狀況不斷，原本想參觀三大酒廠的計畫只剩 Moët 能成行，其因是九月葡萄採收後，一切釀造事宜在十一月前早已就緒、完成，只待十一月底的新酒上市驗收成果。我們來訪時所有的工作人員早已全數休假去矣，這趟行程真來得不是時候！但萬中有幸，當我的簡歷到達 Moët 時獲得了釀酒總監的 Cyril Brun 先生的青睞，自願在假期中返回接待我們，才讓這趟旅程得以成行，讓我有幸見識到這難得的一切，光為此，就該為自己的幸運而多喝上兩杯香檳慶祝了。

巴洛克風格的招待所裡溫馨簡潔，

小小的豪華讓人感覺舒適自在。我們
先在門廳的沙龍區享受了開胃小點，
和期待已久的夫人紀念香檳（Veuve
Clicquot La Grande Dame 1998），酒
侍像處理紅白酒般將香檳開瓶後置於
醒酒瓶中，先讓 Brun 先生試嚐後，
再依序為我們斟上，我們這才開始發
現了不一樣的品嚐香檳方式，一般酒
類越喝後勁越強，但香檳這種即興飲
料，只需淺嚐，馬上就可以感受到它
的勁道，不只會醉而且是醉昏。我們
這不勝酒力的美眉，淺嚐三分鐘後就
已經癱軟在沙發上。

今天 Cyril Brun 先生擔任接待我們
午餐的工作，他在 Moët 工作多年，
是位資深釀酒師也負責主管行銷公關
等事宜，不但精通釀酒，而且真的懂
吃能喝，更了解當今餐飲市場，對新
秀或老將名廚皆如數家珍。對他們
的做菜風格、在市場上的消長和競爭
性，不但分析透徹一針見血，且眼光
獨到不矯情，真是信手拈來皆學問，
為我大大的上了一課。

這回他也因對我主廚和作者的身分
感到很好奇，所以特意前來協助接
待，也藉此了解到了除了日本以外的
亞洲市場，尤其他亦曾接待過幾位台
灣的酒界朋友和名人，對台灣在品飲
法國酒食的狀況也略有認識。他對我
深入從事法國菜的工作與推廣，以及
對其之的瞭解和熱情，也令他印象深
刻和感動。這一餐我們話匣子一開便
欲罷不能，話題不斷聊得不亦樂乎。

接著我們移駕到餐廳區，據說平
常造訪餐廳的客人不少，經常高朋
滿座，但今天只有咱倆唯二的 VIP，
正好圖個清靜也可得到最佳的服
務。等待中的第一道菜上來了，是
清蒸的名貴大菱鮃鮮貝佐蝦醬汁
與現刨黑松露（Nage de Turbot aux
Coquillages, Crevettes Grises & Copeaux
de Truffes），這大菱鮃是生長在法國
等歐洲大西洋海域的魚種，又稱蝴蝶
魚。肉質豐厚滑嫩富含膠質，清蒸後
更顯甘美，搭配魚貝醬汁清爽中夾著
濃烈的後味，而黑松露則又將口感提
升到另一個層次。搭配這道菜的酒是

擁有四顆半星評價的 Veuve Clicquot Vintage 2002，入口優雅清爽，但後味又呈現出 Chardonnay 和 Pinot Noir 的天然濃郁，風味絕美。

今天這魚盤邊還有個小插曲。話說這搭在盤邊的一小片沙拉葉，葉片光從外形上而論並不稀奇，但當 Brun 先生示意要我們嚐試時，天哪！彷彿淡雅但濃郁的龍蝦鮮味即刻在口中迸開，直讓我們一下子大腦空空，該有的形容語詞都瞬間當了機，遲遲回不了神。太神奇了吧！這小小的一片沙拉葉，竟讓我有如吃下了一口鮮美藍龍蝦般的神奇體會，鮮甜的滋味讓人甚至分不清真假，那種驚喜與疑惑全在一時間裡爆炸開來，讓人辭窮！當下不得不對偉大的造物主獻上我衷心的讚美。看著獻寶成功後大家興致更盎然，Brun 先生急喚了主廚克里斯多福拿出當地特製但量極少，以高級紅酒調製而成的，高檔第戎芥末醬讓我們嚐嚐，這滋味同樣也是我前所未有的，那優雅有致又瞬間迸裂在口中的芥末籽香令人難忘，直讓我嘖嘖稱

奇！雖然我品嘗過不少特殊的芥末醬，但都不若這款，既優雅又帶勁，甚至餘味迴旋久久不散，實在是難能可期的好料。令我霎時由羨慕開始幻想，是否該移民來此處定居了！

接下來的葡萄樹枝燻烤鴨胸肉，佐甘草什蔬醬汁與蔬食漿果等配菜，則充滿了鄉村風味。佐搭的酒是 Veuve Clicquot Vintage Rose 2004，雖說這款酒多半用於搭配海鮮，但其擅長表現平衡口感的特性，倒是讓這道菜有著意想不到的驚喜。再來的餐後乳酪拼盤，選用的竟是我最愛的法國乳酪 Comté，而且以六、九、十二個月熟成的 Comté 搭配 VCP2004，比較三款乳酪與餐酒之間的微妙變化，非常有趣。餐後甜點則是鳳梨香料小餅乾，加上了香草和百香果

釀酒師的責任艱鉅繁瑣，從瓶底沉澱也可看出細小端倪。

馬卡龍（Biscuit d'Ananas aux Epices, Creme de Marrons Vanillee & Fruits de la Passion），搭配了 Veuve Clicquot Demi Sec Carafe，這帶著亮麗黃色與深金色澤的 Veuve Clicquot Demi Sec Carafe 充滿豐富的莓果香氣，在口中呈現出飽滿醇厚的鮮度與溫柔微酸，中和了布根地香料小餅濃郁的口味，加上口感層次分明的果香馬卡龍，真有畫龍點睛的效果！

這一餐吃到下午四點多鐘，真是精彩有趣又很累。尤其連續喝了這麼多杯雖即興卻後座力威猛的香檳，不管誰都會覺得此時有張床大睡一覺才是最完美的 Ending，唯我們還得花個四十分鐘回去飯店，眼前也還須振作精神說道別呢！

這是我第一次嘗試完全以香檳佐餐的體驗。好奇之外也確實驚艷！原來香檳也可如此吃喝，跟過去只把香檳當作一般開胃酒、助興劑的小角色，真有天壤之別。尤其是香檳那股介於紅白酒之間，可濃淡可進退但完全純淨新鮮又刺激的口感，絕不是一般單支酒款可獨立所有的特色！只能說「讚」啊！

關於香檳的三百多年歷史，走過令人惱怒的因氣泡導致氣爆、因加糖讓人蛀牙、殘渣、劣質印象種種問題，從當年的這意外得之的尤物，到現今不但有專屬產區的尊貴，甚至更跟那些不冒泡的的紅白酒分庭抗禮，讓香檳不只是奢華高檔開胃酒的代名詞，更可以是具有深度的佐餐酒，這一點

心得，著實是我這趟的香檳行裡的大收穫。

香檳的簡史可推溯到西元五世紀左右，在現在的「香檳區」現址就已經開始葡萄的栽種；之後在九世紀時，用當時著名的 Pinor Noir 釀出了色澤清淡的紅酒。西元一六三八年「香檳之父」唐培里儂（Dom Pierre Pérignon）在香檳區的 Saint-Menehould 城誕生；西元一六六八年唐培里儂修士開始在修道院裡釀製最早期的香檳，也開始著手制訂相關的條款，大力提昇香檳的品質，改良了當時最惱人的氣泡處理方法；一七一八年法國首度出現關於「有氣泡」香檳的文字記載；一七二九年第一家香檳酒廠盧納（Ruinart）誕生，一改之前以桶盛裝的方式，改以優雅瓶裝亮相。

之後這等高級「氣泡酒」在王宮貴族間大受歡迎，並一躍成為路易十四時期的國宴酒款之一。此時以「唐培里儂」命名的「香檳王」，其尊貴形象，也無疑的成為當時頂級香檳的代名詞。

一瓶香檳的誕生可真不易，需要從嚴格的**葡萄栽種→收成（Harvest）→酒精發酵（Fermentation）→調配（Blend）→兩次瓶中發酵（Second Fermentation）→酒窖中陳年（Aging）→轉瓶（Riddling）→除渣與補糖（Degorgement & Dosage）→分級（Champagne AOC）與裝瓶（The Bottle）**等繁複步驟而成。這讓我開始在品飲香檳時，有著不同的看法和心情，更對它抱著神聖和敬畏的心意。

有了這趟的香檳行，除了對香檳有了更進一步的認識之外，也對品飲香檳的興趣提高許多。但畢竟製作一瓶頂級香檳的過程絕不是這麼容易，也不如本人可如此輕意的描寫，在此謹將對品飲香檳的另一種看法和詮釋在此分享，其餘的知識經驗，仍須有興趣的你找資料閱讀，多多親自品嚐和體驗囉！

五大款頂級香檳

Top 1
香檳王
Dom Pierre Pérignon

以「香檳之父」唐培里儂定名的香檳王，尊貴的品牌形象，超高的品質與豐富多元的口感，不但是香檳界的傳奇，更是將釀酒工藝提昇到釀酒藝術的美學新境界的第一位。Dom Pierre Pérignon 香檳王一直嚴守釀造的十大條款，尤以每一瓶皆為獨一無二的年份香檳釀造，並完全堅持以當年份法國香檳區所產的「質量並重」的優選葡萄生產。其口感必是自然天成新鮮渾厚但又須具備輕柔香甜，無疑是所有行家與崇拜者追逐的首選。目前為全球第一大奢華品味集團 LVMH 所有。

Top 2
酩悅香檳
Moët & Chandon

曾因深受拿破崙青睞，而有「皇家香檳」之美譽。至今約兩百五十年歷史。Moët & Chandon 為法國最具國際知名度與銷量的知名品牌，據說世界上每賣出的四瓶香檳中，就有一瓶是酩悅。其也是連續二十多年來世界各大頒獎典禮上的首選用酒。Moët & Chandon 秉著香檳區的優異天然條件與精細的製作過程，生產出的香檳口感香甜馥郁，迴旋持久綿長。而其精釀的香檳王，往往須歷經十年才能達顛峰級口感，亦經得起二十年以上的存放。近幾年酩悅推出的小瓶裝香檳引領時尚，除了成功搶占年輕人的市場外，也無形的培養出了新一代的消費族群。

Top 3
瑪姆香檳
Mumm

被公認為世上最佳香檳酒與絕美工藝的代名詞，意為結合世代傳承的釀造技術與先進的科技。瑪姆也是最常被用來烘托喜慶香檳酒的酒款代表，皆因其璀璨艷紅的華麗感，細緻的芬芳與優雅的氣泡，還有那多樣化的口感層次，為人們的感官帶來了大量的驚喜與歡樂。二〇〇〇年時更與 F1 方程式賽車簽定了官方贊助廠商，展現了它的另一面——勝利與快樂的品牌風貌，甚至助長了爾後四年瑪姆的

業績，業績成長率由過去的 5% 到後來的 50%，成為銷售量第三名的香檳品牌。

Top 4
庫克香檳
Kung

　絕對是低產高端的品牌代表。每年的產量稀少，並堅持只用最頂級的葡萄汁釀造。庫克的葡萄園和酒窖都相當迷你，但其一絲不苟的繁複作工及漫長的陳釀期，給予了庫克無可匹敵的獨特風味。庫克那口味清淡的果香，鮮美又不譁眾，深受上流社會與品味者的愛戴，曾為英國王妃黛安娜與查理王子世紀婚禮的御用酒款。它的經典與美妙更被譽為「庫克是上帝御賜給天使喝的香檳」。也是所有品酒師、鑑賞家、玩家都一致公認並一見鍾情的寵兒。

Top 5
巴黎之花
Perrier Jouet

　是目前世界上最貴的香檳。它是採用 Des Blancs 葡萄園栽種的葡萄釀造，若當年的產量不足則會順延至次年。其價格約為 750cc 一千歐元的高價。首釀的巴黎之花在一八五四年，憑藉著它遍佈在香檳區的葡萄園產量，並以獨特的釀製法混合了優質的 Chardonnay、Pinot、Pinot Meunier（也是釀製頂級所需的三大主要葡萄），創造出獨特圓潤又果香味濃郁的口感風味。巴黎之花不但展現了精妙的釀造工藝，滿足人們的口腹，其在瓶身上的美學表現亦不遑多讓、可圈可點。一九○二年特邀在 Ecole de Nancy 專注於新藝術玻璃製作的大師 Emile Galle，為其繪製了四款有著白銀蓮花與金色玫瑰藤蔓的圖像，做為頂級巴黎之花的主要設計，歷經半個多世紀的研究，終於一九六九巴黎之花的年份香檳「美麗時光」卓越誕生，讓人過目不忘的瓶身設計，一經推出，便享譽全球，不但堪稱當代的不朽之作與創舉。更為巴黎之花創造了歷史性的轉淚點。

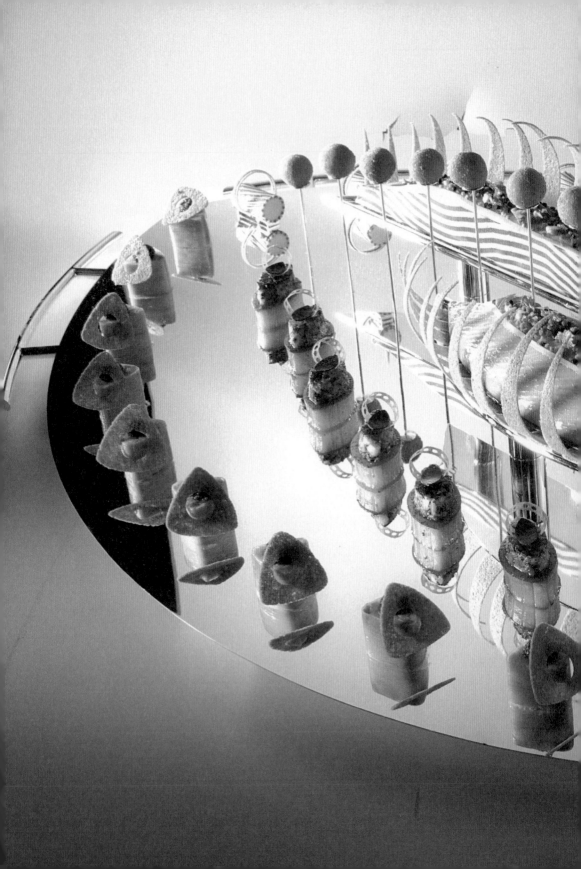

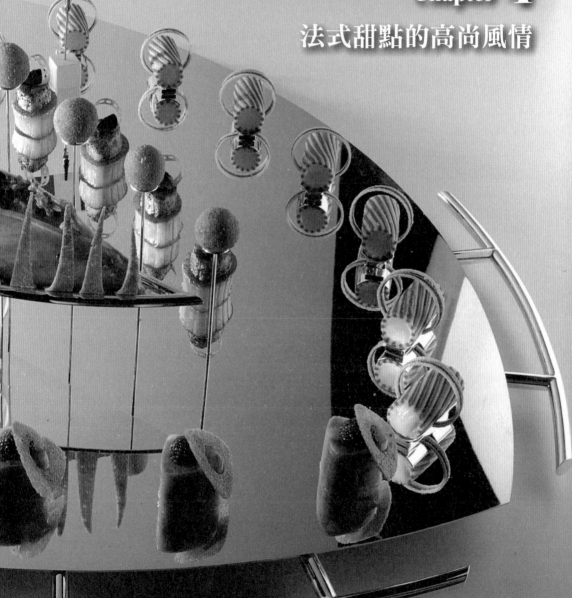

Chapter 4
法式甜點的高尚風情

"Galette" des Rois

Elisabeth
Berlin
201—

國王派

聖誕的喜悅

Galette des Rois
國王派

8 人份

A. 折疊酥皮

低筋麵粉 150g
高筋麵粉 150g
水 150cc
無鹽奶油 30g
鹽 6g
無鹽奶油 210g

B. 杏仁奶油餡

無鹽奶油 60g
糖粉 60g
杏仁粉 60g
全蛋 1 個
蘭姆酒 10cc
香草精 少許
低筋麵粉 0g

C. 鮮奶油餡

牛奶 170cc
蛋黃 2 個
低筋麵粉
（分成兩半使用）10g
玉米粉 6g
白糖 40g
蛋汁 1 個

A 酥皮

1. 將低、高筋麵粉一起過篩後加入鹽放入盆中，中間做出凹槽加入已融化的奶油和水，從中心向外輕輕拌合，然後分搓成 2 個麵糰，包上保鮮膜冷藏靜置 2 小時。

2. 經過四折、三折、四折，靜置後對折派皮對切，再　成 20cm 的正方形。

3. 將四角朝中心折，反覆三次動作，縮口朝下滾圓輕壓後包上保鮮膜（兩個麵糰同樣作法）。

4. 工作台上撒上手粉，將兩個麵糰　成約 30cm 圓形，並將派皮鋪在烤盤上，邊緣處塗上蛋汁。

B. 杏仁奶油餡

1. 奶油置室溫攪拌成泥狀，糖粉過篩後與鹽一起充分拌勻，將全蛋打散，杏仁粉過篩後分次加入拌合，續加入香草精、杏仁精、蘭姆酒，用攪拌器充分攪拌至光滑無顆粒狀。

C. 鮮奶油餡

1. 鍋中放入牛奶與香草豆莢用小火煮，不時攪拌一下。盆內放入蛋黃與白糖，充分攪拌至淡黃色，將低筋麵粉、玉米粉過篩後加入，充分拌勻。

2. 加入 1 的牛奶 1/2 量拌勻，再倒入另一半拌勻並再加熱，邊加熱邊用攪拌器拌成濃稠狀，直到沸騰離火放至冷卻，表面貼上保鮮膜鮮奶油餡，放置室溫下冷卻。

3. 將杏仁奶油餡和鮮奶油餡混合後，用擠花嘴由內向外擠滿，再用抹刀刮平，疊上另一片並將周邊整平壓合，整體刷上蛋汁冷藏 15 分鐘，用竹籤在表面戳數小洞，以 200 度烤 5 分鐘再降至 180 度烤 40 分鐘，直到表面及底部呈金黃色，即可起取出放在網架上待涼。

國王派是少數一些可趁熱食用的甜點，熱著吃更香濃美味。

玫琳達巧手製作的雪地北極熊聖誕裝飾。

記得第一次在普羅旺斯認識國王派（Galette des Rois）是十多年前的聖誕前夕。法國從十一月中開始便充滿了歡樂的聖誕氣氛，又是一年的結束，離家的遊子也紛紛採買禮物回鄉過節，聖誕節猶如我們中國的新年般重要，在歐美可是一個不能錯過的大日子。

法國的聖誕節風情

每逢聖誕、節慶或週末老師鋪子裡的生意就特別好，每天清晨五點鐘便要開始工作，你知道的，在寒冬中的清晨爬出被窩，是件多麼不容易又殘忍的事情，因此我總是拖拖拉拉的八點鐘才溜進廚房。擁有二星餐廳的傑哈老師因著年事漸高，壓力太大太繁重的工作已難負荷，基於種種因素考量，最終忍痛賣掉了餐廳，之後開了這間熟食鋪（Traiteur），只有自己的一人廚房，雖然人少人事麻煩少，但凡事都得自個兒來，仍然不輕鬆。

這間熟食鋪與傑哈老師外甥婿克里斯多福比鄰的麵包店一樣，每天擠著滿滿的人，從早到晚一刻不得閒，應付如此繁重的工作量，成就感是維繫他們熱情工作的原動力。克里斯多福的鋪子在小鎮上頗負盛名，除了有好吃到不行的傳統麵包，更有很多好甜點，尤其苦甜濃郁的巧克力點心，總是教我愛不釋手欲罷不能，完美的品質與親切的服務，堪稱是間鄉里的米其林。我們每天中午回家午餐休息前，必會到他的鋪子裡帶條長棍再外加些甜點，每天能吃到這麼好吃又新鮮的麵包，真是何等幸福！

聖誕前夕，照常隨著師母到鋪子裡買麵包，師母嗜吃甜點成性，與中了甜點毒癮甚深的我可謂志同道合，我們倆連超市裡賣的盒裝甜點，都能如

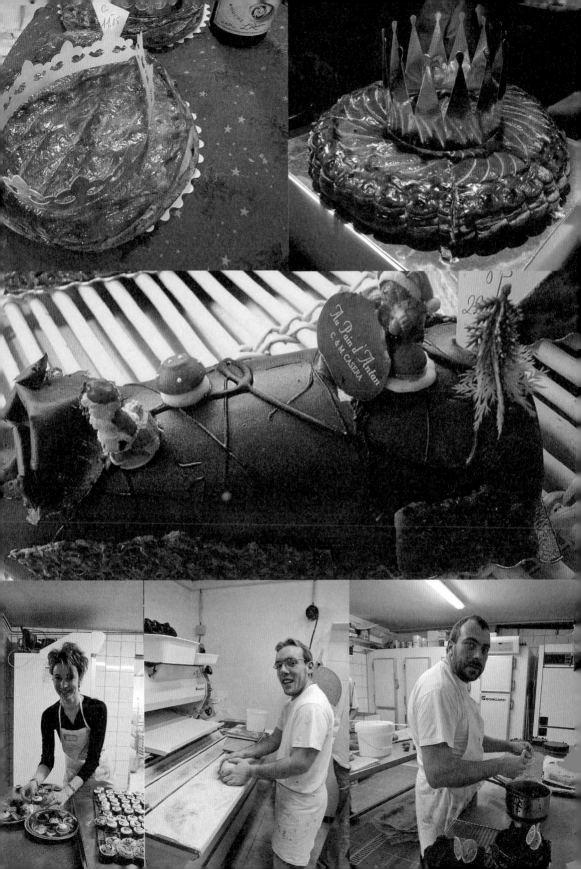

數家珍！看了令人傻眼的隊伍，我們沒有親友團的特權，也只能無奈的等待。外甥女玫琳達親手精心佈置了滿屋的聖誕裝置，尤其那隻會擺動雙手的雪地北極熊成了最吸睛的焦點，欣賞欣賞著也就忘了苦等大半個小時的無聊。甜點櫥中放滿了各式應景的糕點，法國最具代表性的聖誕甜點木柴蛋糕（Bûche de Nöel），據說其灰燼有驅邪避凶的功效，更是人手一個。而那些包裝精美的禮盒，則將寒冷的冬日妝點得份外燦爛溫馨。這天師母除照例買了長棍麵包外，還外帶了不少甜點，原來這些甜點都是幾天前便已預訂的，若不預定，可是無法憑著運氣買得到的喔！午餐後師母搬出了那些糕點，那是我第一次看到國王派，大約八寸的大小，圓圓的派皮上劃有花紋，烤得焦黃上色，派上還戴著皇冠，很有趣呢。師母開始仔細地為我介紹它，對當時完全聽不懂法文的我來說，簡直如鴨子聽雷一般，只能點頭如搗蒜地模糊帶過。唯一印象深刻的是那藏在派中的小人偶，那天我十分幸運地拿到這稱為「fève」的

小人偶，老師便把皇冠往我頭上戴，為這節日增添了不少歡笑。

雖然當時對其原意不太了解，但這外觀一般般的國王派一經刀切，充滿奶油香酥的千層麵皮應聲碎落，嚐一口就讓人深深愛上它，再加上包裹著濃濃杏仁軟餡的內裡，熱著吃鬆脆滑膩滋味濃，冷著吃則糕香層次盡分明。我就和師母這麼東切一塊、西剝一角吃得好不過癮，一下子就一乾二淨，吃完了還是不滿足，只想趕緊再去預購一次。這道糕點是法國在聖誕節慶期的當令點心，平時難得吃得到，為了了解其典故，我也小小的花了些工夫找尋資料，然後對照師母當時的描述，才明瞭其一二。

逐漸風行全球的國王派

從此以後，每當有機會在法國過聖誕節，必然不忘買上幾個國王派過過癮。雖有幾年與聖誕擦肩而過，只能不情願地在台北看圖片過乾癮。前幾年旅遊德國有機會重遊了比利時，竟

各式各樣的法式甜點引人垂涎，而這可愛的小人偶
就是 fève。

驚見在大馬路邊上的 PAUL，永遠大排長龍的 PAUL，在比利時依舊也不例外，擠過人群趴在櫥窗外尋得我的國王派，立刻二話不說地排起隊來，隨行的德國親友們不解的認為，何苦要為了這麼一塊甜點大費周章呢？但當這美味無比的派送進眾人口中之時，那無言的讚嘆盡寫在大家的臉上，甚至還要求我們再度擠回隊伍中重新等待，非帶幾個回德國炫耀親友不可。這美味的國王派上了德國的餐桌，仍舊佳評如潮。

這兩年法國名廚前進台灣，讓一向愛好法式美食的國人大飽口福，從此之後就算不是聖誕節，只要跟店家預訂，無論何時都能嚐到國王派的香甜好滋味。聖誕節又要到了，看了這篇文章後的你們，是否也跟我一樣有種想去排隊的衝動呢？

註：東方三位先知賢士的衣冠塚，現安厝在德國科隆大教堂的正殿中，是以手工刻紋的黃金棺木呈品字形排列，極為華麗莊嚴。

國王派小常識

　　月曆一翻到十一月中，法國很快的就充滿了聖誕節的氣息，到處裝飾起亮晶晶的燈飾及泛著紫金紅綠的聖誕色彩，聽說巴黎已經開始下雪，可以想見香榭大道上，儼然像披上一件雪白的美麗皮草，展現雍容華麗的非凡氣度。

　　當木柴蛋糕從甜點櫃裡消失後，接著而來的就是戴著皇冠的「國王派」（Galette des Rois）。國王派又稱為「三王來朝節派」，是為了紀念耶穌誕生後的第十二天，從東方來的三位先知賢士（Les Trios Rois Mages），到耶路薩冷的伯利恆探望剛誕生在馬槽中的救世主，這天是一月六日，又稱為主顯節（l'Epiphanie）（註）。

　　這種酥派的原料並不複雜，但要做得好吃又美麗卻不容易，通常是在兩片酥皮內，包入杏仁奶油餡（frangipane），外表飽滿皮面上畫有各式美麗的花葉圖紋，口感香酥層次豐富，外酥內軟的奶油香氣香濃誘人，加上柔潤甜郁的杏仁味。

Fifille 和我都患有法國甜點毒癮症，無藥可救！

　　最初由來據說是在十六世紀時，法蘭西斯一世國王在主顯節晚宴上的甜味烘餅。爾後有一年國王受了傷，大臣們起意把皇冠放在派上為國王祈福，並放入一顆象徵國王的蠶豆（原意有新生、重生之意），但不知何時起，放在餅裡的小蠶豆被陶製的小人偶取代，此稱之為「fève」。

　　在分食國王派時，吃到「fève」的人就是當天的國王或皇后，可以戴起派上的皇冠，有權親吻喜愛的人。喝著香檳大口吃餅，等待幸運的「fève」落誰家的興奮，並接受眾人的祝福，是這道甜點的額外溫馨迷人之處。我個人極愛這款聖誕點心，不論是甜點的美味，或者是伴隨著美味而來的溫馨記憶，都讓我為其深切著迷。

歐洲節慶甜點另一章

燒酒 Gluhwein

　　歐洲各國的聖誕美食不勝枚舉，法國的木柴蛋糕和國王派是聖誕節最應景和耳熟能詳的代表。而這幾年因定居德國之故，對德國在聖誕節的大眾飲品聖誕「燒酒」Gluhwein 更情有獨鍾。

　　每到聖誕節，整個歐洲的聖誕市集便紛紛上場，因著城市的特色風格不同而互異，除了形形色色的禦寒商品、應景裝飾、糖果遊樂場、小型傳統劇場外，絕少不得的就是讓大家吃吃喝喝的食物和飲料，而聖誕「燒酒」Gluhwein 就是聖誕市場裡最明星的商品。喝聖誕燒酒趴是每個歐洲人或如我們的外來定居者，每年都要呼朋引伴暢飲的最佳節日活動之一。

　　既稱為燒酒，必是為禦寒而設計，一定要有酒伺候──以加熱的紅酒為多（也有少數的白酒燒），再加入糖和多種香料如丁香、肉桂、茴香，和柑橘類如柳橙、檸檬等一同熬煮增加熱度，濃郁又帶著鮮檸香。香甜又暖呼呼的 Gluhwein，是守歲圍爐時大增過節氣氛的最佳飲料，不論在街上買一杯走著喝取暖，或是在家自己煮上一壺與親友添氣氛，那種 fu 都好迷人呀！

聖誕麵包 Stollen

　　說到 stollen，這可是我的德國婆婆每年必為家人親手烘製的聖誕糕點之一，也是德國人每年聖誕最應景的甜點。Stollen 並非現做現吃的甜點，它的最佳賞味期在製作後一兩個月間，因此婆婆必在每年十月底便著手準備烘製，到了聖誕節才端上餐桌全家團聚共享。Stollen 源於五百多年前的德國德勒斯登（Dresden），名為襁褓之意，具有濃烈的宗教意義，意指襁褓中新生的基督。

　　今年聖誕遊巴黎，在胖子大廚 PH 的店裡買了一條要價二十八歐元的昂貴 Stollen。驚喜之一是原來生在德法邊境的 PH 大師，竟也烘製這傳統的德國點心，令人欣喜。驚喜之二是大師的 Stollen 不但紮實、果料豐富，不像德製的乾硬單調，風味美好，乾溼適中得沒話說外，外皮甚至香脆可口，尤以覆蓋滿滿肉桂糖粒的創意巧思，令人驚艷讚嘆得沒話可說──不不不，還是有句話得說：「真是令人佩服，大師中的大師啊！」

~ Macarons ~

馬卡龍杏仁蛋白餅

高貴且貴的少女酥胸

$\mathcal{M}$acaron
馬卡龍杏仁蛋白餅

8 人份

杏仁粉	125g
糖粉	200g
蛋白	150g
糖	75g
食用色素（黃）	少許
無鹽奶油	適量
杏仁膏（與無鹽奶油須等量）	適量
香草精	一小匙
杏桃果醬	適量

1. 在攪拌盆內放入蛋白打發，將糖逐次加入混合打發（約三次）。

2. 將 1. 分成兩等分，其中一半加入食用色素混合。

3. 杏仁粉和糖粉混合過篩，再將蛋白分次加入混勻。利用攪拌棒試著將麵糊由外向內混合，直到麵糊表面，呈現光滑質感為止（千萬不要過度攪拌為要點）。

4. 將麵糊裝進 5mm 花嘴的擠花袋中，在烤盤紙上將麵糊間隔 1.5cm，擠上 2~3cm 的球狀。再於烤盤底部輕拍出空氣，並在室溫下靜置 30 分鐘至表面變乾。

5. 以 160 度烤到圍邊裙釋出，再降溫到 120 度續烤約 10 分鐘。

6. 取出後倒放在網架上冷卻，再將蛋白餅取下。

7. 將奶油、杏仁膏和糖混合後放入擠花袋中，擠在一半量的蛋白餅上，另一半加入食用色素的蛋白餅，則擠上杏桃果醬。兩片相疊冷藏後再食用風味更佳。

胖子 PH 大師善用東西方食材，口味變化驚人，造型優美現代。

十多年前我在普羅旺斯好友克里斯多福的鋪子裡初嚐馬卡龍（Macaron），這甜點外形狀似岩石有裂紋，口感外殼酥脆內蕊稍黏略彈牙帶著濃濃的杏仁香，是馬卡龍最傳統的樣貌。當時在台灣還沒有太多人認識這點心，只有在一些知名的飯店或餐廳裡，做為餐後餐後花式小點心（Petit Four Frais）盤上的小角色，完全不像今天知名度瞬間炸開，成為高級甜點高品味的時尚代名詞。

法式甜點的多種風貌

之後每年造訪巴黎，我總會到那幾間甜點名店，買上幾小盒解解饞，也順便送朋友當個伴手禮物。

在巴黎，大大小小的甜點鋪裡，都能見到她小巧可愛的身影，身著多彩的外衣，宛如精品般的被陳列著，而價格也似精品般的所費不貲。在法國人的眼裡，馬卡龍算是高貴甜點之首，尤其在巴黎，位於香榭大道上的拉居黑（Ladurée），這間店宛如五星級飯店般華麗，以青蘋綠鑲金邊為其視覺的主色系，而櫥窗上以各色馬卡龍堆疊成尖塔般的裝飾，令人垂涎欲滴。名聞遐邇的馬卡龍，不但是香榭大道上的又一美景，深深召喚著巴黎人的目光，更吸引了來自世界各地的大批觀光朝聖客。

若撇開昂貴的高級名店不談，PAUL 則是我最輕鬆的選擇。多年前當我的巴黎老饕朋友推薦這間店給我時，除了特別強調它的產品品質和企業形象外，對它的麵包更是予以肯定，之後我不但愛上了它的麵包，更對那大大的馬卡龍情鍾──八公分的大小也才約台幣一百五十元，口味雖然不多，但已能滿足我的需要，因此只要路經 PAUL，總會忍不住的進去買上一兩個馬卡龍，邊走邊吃趕地鐵，這麼超值的美味，實在是沒啥好挑剔的。

巴黎馬卡龍比一比

每次旅習巴黎總會想到王先生，稱他老饕王更實際些。他貴為本國駐法官員，當年在里昂念書的同時，也下了不少工夫鑽研法國的飲食文化。因對美食美酒的挑剔，年少輕狂時的他已成了里昂各餐廳的踢館大王，這可也是他的另一驕傲之一。

因長年駐外的關係，接觸美食的機會頻繁，比起當年對美食、美酒的品飲能力，現在的他愈加沈穩內斂，也更有深度。由於鍾愛美食如癡，如今他對研究巴黎的美食地圖更是不遺餘力，因此我每當到巴黎，莫不想登門討教一番，若能有幸聽聽老饕王對巴黎美食的介紹分析或對巴黎時尚美食的動態報導，除了大感心動過癮外，更會讓品味美食的功力大增。那年我們又在巴黎相會，早已有備而來的他，又旋風似的帶著我橫掃過巴黎的美食街頭。

見識品嘗各種奇珍美味是我每趟巴黎行最快樂滿足的一件大事，另一次在與好友紀先生拜會品嘗完三星大廚紀馬丹（Guy Martin）的完美午餐饗宴之後，接下來又趕赴老饕王的另一美食行程，而馬卡龍則是那日的品味主角。

我們先後光顧了拉居黑的本店、日本天才廚師 Aoki 在弗吉哈街上的 Patisserie Sadaharu AOKI，以及在法國或者說世界甜點界執牛耳地位，身材

也屬重量級的名廚皮耶荷赫梅（Pierre Hermé）——我曾在不少米其林餐廳的點心房裡，拜讀過許多他的書，他是大師中的大師，連法國大廚們都將其奉為最高指導原則，可想而知其地位。我們分別買了三家的馬卡龍，然後細細品嘗，「同時間比較食物」是最容易且精準的方法。

我們精細品嘗著這三位大師的獨特風格：Aoki 倚著神祕的東方風格，將各種不同的東方食材運用其中，如抹茶、紅豆、芝麻等，除了提供令人愉快的美食，也著重室內設計的表現，以精緻東方的後現代主義的風格著稱。但 Aoki 的馬卡龍口感略嫌酥鬆且過於甜膩，雖有創意但質感稍缺；而歷史悠久保持傳統華麗表現的 Ladurée，口感變化及口味嘗試展現一般的法式風格。琳琅滿目的陳列方式和茶沙龍（Salon de thé）氣勢，帶著強烈的味覺與視覺的吸引力，也因此而招徠了大批觀光朝聖者；而最令我青睞的則是胖子大師皮耶荷的作品。從硬體上的摩登現代一別傳統，

便可窺知這位大師的反骨性格，既有著深厚的傳統功力，但又大膽地求新求變，而且從不藏私地大方公佈新作，每當此舉一出，必是一次甜點與料理界的大震盪，讓追隨者捶胸頓足又望塵莫及。

PH 的馬卡龍口味大膽突破創新，例如白松露及鵝肝等的表現令人驚艷。在口感方面則可分內外來談，餅皮的咬感細緻又分明，從外的酥脆到內的彈牙，層次感交代得一點不馬虎，而內餡的變化大膽，風味多元豐富強烈，每一口都有令人震驚的喜悅和感動，怎能不擄人心？

視覺上，PH 則擅用金箔及光滑閃亮的效果，華麗又有質感，如此用心用情演繹甜點的內在精神，讓我們在咀嚼 PH 馬卡龍的時候總是小心翼翼，深怕遺漏了半點的滋味。

在行銷上，他們也別有一套想法。大師 PH 大膽捨棄傳統華麗的法式風格，改以看似低調簡約，卻更具煽動

力的表現，十足吸睛，胖子大師果真是一個有思想有實力有自信的商人藝術家。看著門外的排隊人龍，就是對胖子大師的最佳肯定，也是他對支持者的最佳保證。

一顆小小的馬卡龍，裡面的學問真教人難以想像。

如今拜葉兩傳先生的慧眼先驅，將PAUL引進台灣，讓我如此容易的就能找回我的巴黎美味和回憶，更因此達到拋磚引玉的效果，接續的 AOKI 和 Joel Robuchon 的茶沙龍也趁風而來，讓國人不但大開眼界，更是大飽口福。

也讓大家見識到這小巧一顆美味卻昂貴的馬卡龍，魅力如此之大、境界如此之不凡，真可謂實至名歸的傳奇。

馬卡龍小常識

說到這連從不貪嘴的馬索媽媽都忍不住食指大動的貴族點心「馬卡龍」，據說在歐洲流傳已久，對其歷史典故亦眾說紛紜；有人說起源於十三世紀義大利的威尼斯，在義大利的相關產品稱為 amaretti，後因梅第奇家族與法國聯姻，因此將其帶進法國並廣受喜愛。另一說為法國東北洛林省的南錫市（Nancy），修道院的修女們因禁食肉類，以富含營養的杏仁為主食來源，因而製作了這小點心的最原創款，後因受到眾人的喜愛，而廣

為流傳開來。因此南錫的杏仁蛋白餅亦有「修女的徽章」之意，成為南錫的代表性特產之一。另一說法則說它傳自希臘時期的蜂蜜杏仁餅。

馬卡龍主要是用杏仁粉、糖及打發的蛋白製作，再以數十分鐘中高溫烘烤而成，由於深受環境溫溼度的影響，使得困難度大增。外層口感酥薄香脆，內心綿密溼軟，在口中相互交融後充滿杏仁香。十九世紀後期開始在兩片餅中夾入不同軟餡，呈現豐富層次感，近年來在 Pierre Herme 大師的大膽創新和改變下，更讓傳統的馬卡龍似脫胎換骨般的徹底變了樣，不但在外形上更精緻華麗色彩豐富，口味上更出人意表與想像的變化多端，盡顯舌上風華。法文含義為「少女的酥胸」的馬卡龍果真如其名般，散發著愈拒還迎的致命的吸引力。

Phoebe 廚房無言的祕密

　　馬卡龍真的是看似平凡卻非凡難搞的小點心，其製作難度，在我多年製作法國經點心的經驗來看，可説絕無僅有。

　　個人收集了不下十本以上來自不同作者、不同國家的馬卡龍製作專書，拜讀研究年餘才放膽一試。而這一試，便連續蹲了三個星期廚房，一天五次以上的不同配方實驗，也一度讓我家差點淹沒在馬卡龍的失敗品中，可以想見我當時的心情是如何的沮喪失望。

　　終於成功了幾款口味有巧克力、日式抹茶、咖啡摩卡和玫瑰覆盆子。雖為數不多，但真的美味。

　　想成功的製作馬卡龍，除了精準的配方外，不停地反覆練習是絕對不可少的，唯有「勤」，才能補它的難搞不易。

　　坊間已有不少書籍食譜在談論與製作它，不必本人在此加以贅述，但應出版社要求強調一些製作要點，因此樂於把製作過程中的心得重點分享。

· 蛋除了要選用於室溫下的蛋外，在取出蛋白後最好在室溫下靜置三十分鐘後再開始製作。
· 打發蛋白與糖的掌握十分重要，定要堅挺光亮。而攪和蛋白糖霜與粉類的加入，是個人認為的最關鍵之處，往往也是成敗之所在！使用刮刀由外而內大動作的攪拌，動作不可過於細碎過度，若至內部空氣盡失坍塌，則已失敗。
· 另外，將麵糊擠入烤盤後，記得在烤盤底部輕拍，將氣泡釋出並使麵糊塑型有光滑感，可使馬卡龍的外觀更精緻有型。
· 最後將擠好的麵糊在室溫下乾燥（大約三十到四十分鐘左右），使麵糊穩定熟成，是烘烤成功美麗馬卡龍的最後關鍵。

　　現在就著手一試這傳奇的點心吧，領略它的不易之美！

"Madeleine" Made in Berlin 2012

洛林省的瑪德蓮小蛋糕

藏在貝形模裡的甜蜜滋味

瑪德蓮小蛋糕

10 人份

8cm 長的瑪德蓮模

糖	200g
檸檬皮（末）	1 個
蛋	3 個
牛奶	50c.c
低筋麵粉	200g
泡打粉	6g
香草糖	適量
無鹽奶油	200g
奶油	適量（烤模用）

1. 將糖和檸檬皮末拌勻，靜置 1.5 小時使檸檬香氣釋出，再倒入蛋液中用攪拌器充分混合均勻。

2. 加入牛奶拌勻。將低筋麵粉、泡打粉、香草糖過篩後加入拌勻。

3. 待混合成均勻糊狀加入融化後的奶油。

4. 將整體麵糊再次攪拌均勻，成光滑狀後覆蓋保鮮膜，放入冷藏靜置 1 小時。

5. 將烤模刷上奶油，再篩上適量高筋麵粉（須將多餘的粉扣出），將 4. 麵糊裝入擠花袋中，擠入烤模約 2/3 的高度。

6. 用 190 度烤約 12 分鐘，出爐後放在烤架上冷卻，待稍冷時趁熱脫模。

直到它的大肚子鼓起才能鬆口氣，然後狂吃。

今天心血來潮動手做了美味的瑪德蓮（Madeleine），因為前兩天恰巧在市中心的高級烘焙模具鋪子裡，買到了更精美的瑪德蓮蛋糕模，這事讓我這兩天的心情特別好，雖說這玩意兒價錢可不便宜。這又讓我想起了當年玩起瑪德蓮的往事。

瑪德蓮的初體驗

一直以來，我收集了不少關於瑪德蓮的食譜，材料作法都大同小異，但食物美味高人一等的祕訣，就在食材的選擇和分量的拿捏，差一點就失之千里。我曾挑了一本日本美食作家的食譜來嘗試，結果眼花漏了些材料、

少了個步驟，搞得手忙腳亂，大概是因為那時忙搬家忙到累壞了——只能如此安慰自己（由以上可知材料的選擇和製作的精準度是烘焙最重要的一環）。雖說如此，沮喪的我還是不忍丟棄半成品，硬把剩餘的麵糊放入冷藏室裡靜待熟成，看看是否會有奇蹟出現。

說到「熟成」，這可是我傳承自父母親的祕訣。爸媽對於烹煮食物十分講究又用心，他們總是要我們記住，有些食物一定要隔夜後再食用風味更好，所以常常把攪拌好的材料，或煮好燉好的食物放過夜，當然所言不虛，真的更入味可口，例如滷好的牛

腱滷味隔夜後更好吃；四川燻魚上料後靜置個把鐘頭再燻，美味再升級。所以近年來在料理界吹起的這陣熟成風，不過是把老一輩們的料理精髓發揚傳承罷了。

瑪德蓮是我多年前在法國超市裡尋獲的寶，可別以為超市沒好貨，真是不然！嚴格點說也許口感比不上烘焙店的細緻，但風味卻也不含糊。我特別喜歡檸檬口味的瑪德蓮，濃重的奶油裡來點檸檬酸的調劑，使得口感濃郁而清爽。一袋子八個也才幾歐元，稱得上是物美價實。我通常會買上一袋子存糧，只要放入烤箱裡稍微加熱，不論是早餐或午茶，足以應付一星期的嘴饞。製作瑪德蓮沒有特別難找的食材，卻有些惱人的細節，而蛋糕模具不便宜也不易取得，所以雖說喜歡這道點心，但缺了這心情和模具，就沒機會動手做它。

再接再厲的瑪德蓮

隔天下午又花了點時間秤量材料，再次開始著手動工，前後不過一個鐘頭，其中還加足了不少喜愛的檸檬汁，和一整顆分量的檸檬皮末，費力地把皮切得極細碎，增色又增香氣。但太專注的結果又忘了鍋上加熱的奶油，也忘了麵粉糊裡的鹽，使得瑪德蓮最重要的鬆軟口感和鼓脹造型硬是走了樣，又乾又焦的讓我再次氣餒萬分。看著我這麼努力又堅持，德國家人們把嘴上的安慰，換成實際的支持行動，非但不嫌棄這又醜又乾的難吃蛋糕，還硬是說味道很好地把它吃個精光，此舉著實令我感動，也讓我對這不及格的瑪德蓮更抱定非雪恥不可之心！

若不能征服這看似簡單的瑪德蓮，豈不是讓人恥笑這系出法國糕餅名門的瑪德蓮，還不及咱們在地路邊攤的雞蛋糕？說到這摻了化學香精的路邊攤雞蛋糕，可也是我們童年的良伴，尤其是當我肚子正空，需要小小果腹時，靈敏的鼻尖總能在第一時間找到香氣的來源，然後使喚著大腦行動，誰說路邊攤沒好貨？尤其是台灣的路

邊攤！雖然這天的成果仍然有待加強，但我還是不怕見笑的拍個照來記錄一下，凡事總有個開始，英雄也不怕出身低，懷抱熱情與愛心繼續努力突破，必是未來幸福美味的來源。這黑黑扁扁的另類版瑪德蓮長相實在不完美，加朵花點綴點綴，總算稍微讓沮喪的心情安慰一些！

三天後不氣餒的再度捲土重來。這三天中我努力研究各家配方勤做筆記，找出原先出錯的問題，和如何使它更美味的祕訣：一、先將檸檬皮末與糖混合靜置兩個鐘頭；二、再將拌好的麵糊包好冷藏它一整個晝夜。令人滿意的結果終於出爐了！這次烤出來的瑪德蓮有著漂亮的焦黃色，以及那圓鼓鼓的小肚肚，外酥內軟充滿檸檬奶油的清香濃郁。頓時間廚房裡不再只有蛋糕香，大夥的慶祝歡呼聲也緊接著而來（眾人終於脫離了吃焦黑蛋糕的命運，哈哈）！而我也終於征服了這看似簡單但也不容易的瑪德蓮小蛋糕。

嗯！不必多說，馬上就來和你分享我的美味瑪德蓮成功配方吧！

我的手製瑪德蓮和華美法式水果磅蛋糕。

瑪德蓮蛋糕小常識

　　佐配下午茶的法國代表性甜點，讓人立刻想起那誘人的長圓貝殼形的瑪德蓮小蛋糕。產在洛林省（Lorraine）的瑪德蓮，不但深受大眾的喜愛，更可說是法國甜點的代表之一。這款鬆軟香甜充滿濃濃奶油味的小蛋糕，源自路易十五的岳父大人洛林公爵史坦尼斯拉（Stanislas），在某次晚宴中，主廚因故在廚房裡發生了口角爭吵，臨時忿然離去，就在廚房一片嘩然緊張之際，瑪德蓮小姑娘自告奮勇的，獻出了家傳甜點祕方，不但迅速解決了窘境，更讓在座的賓客，對這來自貢梅喜（Commercy）的貝形奶油小蛋糕讚不絕口。史坦尼斯拉公爵在欣喜之餘，將這個長貝形奶油小蛋糕命名為瑪德蓮（Madeleine），使得瑪德蓮之名從此傳揚。瑪德蓮是以重奶油、麵粉、雞蛋和糖烘焙而成的小蛋糕，比一般磅蛋糕（Pound Cake）來得口味清淡，更有著濃郁的奶油和檸檬香氣，而其特殊的貝形模具（上下各六個凹糟為長方形），儼然已成為瑪德蓮的招牌造型。放射狀貝形紋路的瑪德蓮和凸起的小肚，祕訣來自長時間的冷藏靜置。品賞時佐茶風味絕配，不論在巴黎高級甜點店如拉居黑、烘焙坊或平凡如一般的超市裡，都可以容易找到她無可抗拒的誘人蹤跡。

Phoebe 廚房無言的祕密

　　瑪德蓮小蛋糕是一般法國人隨手可取的嘴饞果腹點心，佐配茶或咖啡皆適宜，英國人則喜搭茶類食用沾著茶吃，也許因著茶品的清淡清香與解膩，更易突顯兩者的優點。也有許多人會再抹上些許果醬添加風味，吃法多種因人而異，有此可見瑪德蓮的易於搭配特質。

"Canelé"

波爾多的可莉露小蛋糕

硬底子的甜點小姑娘

Cannelé
可莉露蜜臘肉桂小蛋糕

10 人份

低筋麵粉（先過篩）	100g
牛奶	500c.c
全蛋	2 個
蛋黃	2 個
糖	250g
奶油（室溫放軟）	50g
蘭姆酒	20c.c
香草豆莢或香草精	1 支
肉桂粉	2g

1. 烤箱以 250 度事先預熱。用小刀將香草豆莢剖開並刮下香草籽，連同香草豆莢，下鍋與牛奶一起煮沸，後約 1 分鐘離火。

2. 將全蛋與蛋黃用攪拌器攪開，後拌入糖充分混勻後，分次加入 1. 中拌勻。接著放入奶油，充分攪勻並小心結塊。

3. 稍待冷卻後，分次拌入低筋麵粉和肉桂粉拌勻，後用細目濾網過篩。最後加入蘭姆酒，放入冷藏靜置一晚。

4. 模具先放烤箱加熱，再倒入已融化的蜂蠟，後倒扣讓蜂蠟均勻附著。再用融化的奶油薄薄塗上一層，倒入麵糊約 8 分滿。

5. 以 250 度烤約 50 分鐘，為防烤過焦中途可用鋁箔紙覆蓋。出爐後稍待冷卻後迅速脫模。

記得十幾年前朋友們一起逛東區，去嚐了一家滿有型的複合式小餐廳，聽說餐點不差店又有風格，一群人訂了位，位置正好在露天區，面對著正前方的料理檯，看著工作人員穿梭在內外場間忙，的確很有未來大店的氣勢。問起當晚到底吃了些什麼餐點，老實說忘了，但對服務生強力推薦的小甜點，卻仍有些印象，「這是我們店裡的招牌點心，是老闆親自赴美學回來的，台北只有我們餐廳有。」聽了這樣的推薦，當然得點上一份嚐嚐，但人多口雜聊都聊不完的我們，又哪有心思放在吃點心？對當時這歸國學成的「美式點心」還真有點抱歉！聊天之餘不時瞥見料理檯上的工作人員在製作這道甜點，將麵糊裝入一杯杯特殊造型的小黃銅盅裡，進出烤箱後黑黑焦焦的醜模樣，覺得印象深刻。而那不時飄出的整晚蛋糕香，讓那天的夜晚格外美好動人。

這就是後來在台北竄紅，稱為可莉露的 Cannelé。雖說它不若馬卡龍的超紅人氣，但這十多年來，卻像其外表一樣剛中帶柔、沁人心扉。

在台北才真正認識可莉露

也許是法國甜點多不勝數，也許是自己對迷戀的甜點總有那麼些盲目，因此雖在法國待了多年，品嚐可莉露的次數卻五個指頭可數，直到近年才開始重溫它的滋味，而且這股動力還幾乎完全來自幾位好友和烹飪班學生的好奇詢問、關注，讓我不得不急著翻翻書研究，找找不同配方，好一解愛好者的求知慾和渴望動手做做看的衝動。

好友 Fifille 便是可莉露的愛好者，三不五時就會被她慫恿去試嚐媒體上的推薦名店，從陪著吃到覺得不錯吃，到最後在連鎖咖啡店的甜點櫃裡發現它，都興奮的非買幾個來享受一下。記得在台北有家我們都認同的甜點店，為了他們的可莉露，就算開車繞路也會去一趟，甚至還常常為那所剩不多的可莉露，與 Fifille 虛偽的上演孔融讓梨，與其說它有多好吃、我

沒有了黃銅烤盅就難有可麗露。
現有了黃銅烤盅仍沒有可麗露，買了吃快些。

們有多愛吃，也不妨說是和好朋友共
享美食的美好時光。

　　對於可莉露的獨特風格，因人而有
喜好上的差別，但在外層的口感上，
則是品質好壞受人喜愛的最重要條
件，例如我個人就覺得法國知名麵
包店 PAUL 的可莉露過於溼軟缺乏嚼
勁，總是讓人大皺眉頭、興趣缺缺。
製作美味可莉露的祕訣，在麵、糖的
比例和黃銅烤杯的速熱傳導，不僅要
烤得香，還得帶點焦，但又不能過乾
如嚼蠟（雖說傳統作法確須使用蜂
蠟），要保持外殼酥脆，還須內裡軟
嫩有彈性如蛋糕，學問不可說不大。

小小一顆也要價六七十元，身價直追
天王甜點馬卡龍不說，不可取代的傳
統地位及其隱身在後的粉絲群，也絕
不是看著它黑黑醜醜的外貌就可以妄
下定論。

　　有朝在德國南部的高級烘焙店裡，
意外的買到了這難得的可莉露小黃
銅盅，這貴俗俗的小玩意一個就要
六七百台幣，六個買下來險些回不了
家，但在研究了作法多時後手軟到現
在都動不了工，看來又是一場廚房硬
仗，那也只能等到一天我有閒有錢有
膽又技癢的時候，再陪著這有著硬裡
子工夫的小姑娘廚房裡上陣了！

可莉露小常識

　　在波爾多（Bordeaux）修道院誕生的可莉露，狀似油亮的小鐘，是用麵粉、牛奶、蛋和糖等簡單材料製成，但著重在烘焙技巧上製成的美味糕點。使用銅材質帶有溝槽紋路的特殊模具，再加上外層因多糖麵糊和高溫烘烤，因而產生焦糖化酥脆焦香的外殼，但內部卻如略硬的卡士達蛋奶醬，香 Q 柔軟。

Phoebe 廚房無言的祕密

　　甚有嚼勁的可莉露佐配咖啡或茶則各有風味。而其特殊的蛋糕模子不僅是可莉露（Cannelé）芳名的由來，另一說則源於它的肉桂香。曾在法國大革命之時，因多數修女遭到迫害而被迫中止製作過一段時間，直到一八三〇年才又重新上市。在產地波爾多的可莉露協會，至今仍遵循古法製作這道甜點。因此有人說，到波爾多享受一頓道地的料理，若少了可莉露，簡直就像沒到過波爾多一樣！可見這小姑娘的硬裡子工夫了。

"Marmalade" Gisela M
Berlin 2013

果醬

來自眞果醬的記憶

Marmelade
德國媽媽阿德涵的杏桃果醬

新鮮杏桃	1 公斤
糖（gelier zucker 1:1）	1 公斤
檸檬薄荷葉	1 小把
杏桃利口酒	1 小杯

1. 將杏桃切成小丁，混入糖後放置 3~4 小時。
2. 後拌入切成細碎的薄荷葉，放在爐上以中火邊加熱邊攪拌，煮滾後繼續攪拌約四分鐘，並加入杏桃利口酒混勻。
3. 裝入瓶罐中並立即緊密封口。

小時候爸媽為我們準備的豐富早餐中，果醬和花生醬一定是不可少的。滿是果膠、色素、糖精的果醬和那甜膩的花生醬，不只是我和弟弟們的早餐抹醬，更是嘴饞時的口腹慰藉，在那貧窮又沒啥可口零嘴的年代，「自由女神牌」果醬可是孩童們的重要點心。由於自由女神的種類很少，喜歡甜食的我，總是要求爸爸經常變換口味，除了嚐新外，也試著挑出較好吃的口味——草莓，至少摻了些果粒造型的假果凍，吃來較有口感。

最早的果醬記憶

由於在家偷吃果醬容易被爸媽發現，索性跑到姑姑家，跟著表妹大開著冰箱門，把潤喉用的枇杷膏當果醬吃，枇杷膏可比當時的自由女神好吃多了，還可潤喉爽聲，這是我最初的果醬記憶！果醬和巧克力一樣，在我的生命中都佔有相當的重要性。尋找美味可要付出不少代價——要花時間尋找、要花錢嘗試，嚐完之後還要花錢減肥；最後，乾脆決定學會烹飪，

學會熱量換算，再研究一套為自己量身而定的體重控制法，以備因無法控制嘴饞之後的身心負擔，和探尋美味後的所有後果，否則怎敵得過對甜食完全無招架能力的大腦呢。

終於碰上真果醬

而碰上「真果醬」，應從開始旅習法國後說起。記得那一年的夏末，是剛到法國的前幾年，清晨一早就得跟著傑哈老師起床上工，車就停在餐廳前方的空地上，步行一分鐘即可到達工作地點，但總在這幾十秒的路程上被不知名的果子砸在身上，熟透的果子總是沾污衣服，不但造成滿地的甜漬，還引來大群的蒼蠅，令人十分困擾，以致於我每次路經於此地時，總是像躲炸彈一般緊張。

傑哈老師曾經告訴我這樹是個什麼東東，但我當時的法文就跟那果子一樣，誰也不認識誰，只知道都是令人討厭的傢伙。某日上午看著轄區總管碧姬領著開著卡車而來的工人，蹬在

高梯上為民除害，還心中暗喜，打從明兒個起總算可不再受它困擾了。

隔日的上午，當廚房裡正火熱忙碌時，傑哈師母走進來，拿出了一罐東西，跟著來訪的碧姬加上老師，三個人你一言我一語地對著我說個不停，赫然發現站在旁一頭霧水的我，師母趕緊取來了一個小湯匙，往那罐裡挖了一大勺往我嘴裡送，一陣莫名中被這說不出名堂的美味嚇了一跳，甜得自然有層次，入口還有沙沙的顆粒，濃稠的程度不只來自糖而已，重點在果實本身，這是真果醬之味！

但這到底是什麼口味的果醬？硬是翻出了字典、圖鑑等查它個究竟，結果意外的發現，原來這就是每天砸在我頭上，弄髒我的衣服又引來大群蒼蠅的「無花果」。聽過嚐過（台北迪化街也有不少乾貨）但從不曾見過本尊，更不知用無花果製作的果醬竟是如此美味，這美妙滋味至今令我難忘，也因此直到現在，這個口味都是我挑選果醬口味時的首選。

不久後到巴黎訪友時，告訴了朋友這難忘的奇遇，他竟貼心地在我們逛街的途中，悄悄買下了一罐無花果醬送給我，我珍惜地攜回台北，但卻失望地怎麼也嚐不出那手工果醬的滋味。從此瘋狂愛上果醬的我，不論在台北還是法國，只要逛起超市或高級食材店，總會在果醬櫃前流連不去，了解各種口味、品牌、成份、價位，再挑個兩罐回家品嘗研究，除了當抹醬外，也成為我自製鵝肝凍醬時所搭配的懶人沾醬呢。

德國婆婆的愛心

兩年前德國婆婆寄來了親手做的果醬，這回又是一次難忘的經驗。德國菜實在是乏善可陳，婆婆的菜至少清爽可口少了油膩和鹹重，但若說起了她的烘焙，則必要大大的誇讚一番。

雖然她常說自己在烹飪方面少了許多慧根,但公平的上帝還以她高超的烘焙能力,她不但熱愛烘焙甜點,而且總是呈現得雅緻優美,與一般粗獷的德國糕點相比顯得精緻得多。

她在料理枱上方的書櫃裡放了不少食譜,其中也不乏法式甜點食譜,便不難了解為何她對此特別擅長。除了烘焙甜點,她也喜愛熬煮果醬,而歐洲盛產的水果,正是婆婆製作果醬的最好來源,這天她寄來的果醬是很特別的口味,之所以特別,除了是當季盛產的新鮮杏桃,亦摻和了有著濃烈檸檬香的薄荷葉和杏桃利口酒,這麼不一樣的口味,實在很難想像是來自一位家庭主婦的巧思,我挑了個好時機,跟朋友一塊兒開罐嚐鮮,口感跟一般的果醬完全不同,不但保留了杏桃的大塊顆粒,並使用了帶有檸檬味的特殊砂糖(亦可說是某種結晶糖,可縮短熬煮的時間),增加膠質酸度,但略有些不屬自然的口感,算是懶人的巧步吧,外加上利口酒的調劑,使得杏桃味更有層次感,而切得

細碎的新鮮薄荷檸檬葉,更是挑得味蕾整個活了起來。光是一罐小小的果醬,硬是改寫了德國食物在我腦中的刻板印象。欣喜之餘,除了立即寫了封 Mail 感謝讚美外,更不忘詳問 Recipe,好記錄在我的美食筆記中。

台灣人很懂吃,也十分熱愛甜點,因此也讓我有更多的熱情,願意花更多的時間去研究甜點,跟大家一起分享我愛吃好甜點的本事。有了甜點還不夠,連這充其量不過是麵包抹醬的果醬,也自世界各地蜂擁而來,這些來自各地的果醬,不只瓶瓶罐罐的包裝讓人好奇,口味上的變化更讓人讚嘆。什麼芒果胡荽檸檬、麝香夏多內黑葡萄、大黃柳橙等等,這些以前我連聽都沒聽過的口味,聽來令人大讚精采!

多年前發現的 Bonne Maman(好媽媽)已是我每次遊習法國時,旅行箱裡硬要塞進的行李之一,而幾年前在旅行亞爾薩斯時發現的曠世果醬小鋪克莉絲汀法珀(Christine Ferber),

Anbau:

這兩年更是在台北大行其道，火紅了得！這家原先只是賣些甜點麵包的小鋪，卻因當年女主人 Christine Ferber，把用不完的亞爾薩斯酸櫻桃（Griottes）順手做了果醬，引起了人們的好奇，從此開啟了果醬創作之路，口味的變化和絕佳的口碑，立即聲名遠播生意蒸蒸日上，索性正式推出了以自己為名的個人品牌，直至今日，早已不可同日而語的 Christine Ferber 仍一如初始堅持傳統古法，一鍋一鍋小火熬煮手工製作。

果醬這東西，由小時候記憶裡的自由女神牌果膠色素，發展到今天無法言喻的傳奇地位！實在讓人難以理解與想像。美食總讓人有無窮的精力去追尋去發現，前幾年在巴黎老饕朋友王先生，回台送了個果醬的伴手好禮，是他大哥又不知在那挖掘出的好料，口感不似傳統果醬黏糊偏甜，而是粒粒分明糖份較少，且因完全不加防腐劑，不但硬要表現新鮮，也硬是不讓你久存。

直至今天定居歐洲，也不免俗的自己做起了果醬，一來昔日難求的歐洲果蔬現在易取，而德國的有機蔬果又特出名；二來製作果醬時就像在玩創意一般天馬行空，讓人大呼過癮。依著當季果實的酸甜度增減糖分，不加防腐純正新鮮原味，就算得守著鍋爐小火慢熬個六七個鐘頭煞費時間，但大受好評的結果卻也甘心，並額外的省下了不少買禮物的心力。一瓶包裝精美口味獨特又愛心滿滿的果醬，絕對是十分又時尚的好禮，更是過節時這些歐洲客爭相訂購的搶手貨，也讓荷包跟著豐厚許多。

不管你喜歡的是 Bonne Maman 的好品質好價錢，還是品質形象價位都高檔得令人有點卻步的 Christine Ferber，甚或像是王先生挖掘出的獨特有機少見產品，亦或是自己下廚玩味一番，總之都不妨一試，找出專屬自己的香甜滋味。別小看這小小抹醬，它可能是決定你一天好心情的重要關鍵喔！

果醬小常識

　　果醬（英 Jam、美 Jelly）是長時間保存水果的一種方法，是以水果、糖、酸度調節劑，並以超過攝氏一百度熬製的凝膠物質，主要用來塗抹於麵包或土司上食用，多當作早餐或點心。不論各式莓類果李均可切成小塊後烹煮，古時製作時同一時間內只使用一種果實，而今可大大不同囉。

Phoebe 廚房無言的祕密

　　當開始玩果醬時，我曾對果醬的保存期做了一個實驗——同時間買了四五種各品牌的果醬，連同自己熬煮的，同時間開罐食用數日後放入冰箱冷藏，觀察兩個月之後的結果。多數在一個月左右便開始長霉變味，兩個月左右情況更甚。但意外發現，反而我自己熬煮的 Phoebe 牌非但依然完好，甚至在香氣和色澤的變化上與開罐前竟相去無幾，讓在場的人都大嘆驚奇！

　　為何一般加了果膠防腐的果醬，竟比自製少糖又無任何添加的產品保存期限還短呢？答案很簡單，就在製做果醬的原始初衷上。因為果醬本來就是「長時間保存水果的一種方法」，因此「小火慢熬」的傳統製作是使其能夠長期保存的主要關鍵，長時間的熬煮可以產生糊化作用，讓食材充分融合並增風味，還可有效殺菌，利於長期保存食物。而今一切講求速成的時代，也許獲取商品的方便性提高，但就食物原滋味的呈現和保存而言，勢必不若老祖先們的智慧。

製作果醬時應注意：
· 果醬瓶使用前要先殺菌拭乾水份。
· 煮好的果醬要趁熱裝瓶密封後倒扣，以減少內部的空氣利於保存。
· 倒扣的關係會使水份往下竄流，可於食用前用乾淨的湯匙攪拌均勻，使口感和風味呈現最佳狀況。

後記

因為興趣成了工作，
因為工作到處旅行，
因為旅行習得各種美食，
因為美食認識了很多朋友。

而這些朋友成了協助我完成了這本書的最大功臣。

這本書花了我六年的時間才完成，哈哈，寫得我都老了！

感謝這十多年來在台法兩地多不勝數協助過我的朋友，除了獻上我無盡的感謝外，也希望有一天能與你們再次相聚話當年。

首先要感謝我的台德家人們，常年來對我的支持和鼓勵，還要忍受我時常不能在家陪伴。

接著感謝我的法國料理啟蒙老師 Gérard Pelourson 對我的教導，Jerome Pelourson 及所有在普羅旺斯的家人朋友對我的協助，尤其是當年大力協助完成第一本書，而現患有重病的碧姬（Brigitte），祝福她早日恢復健康。

再來是對我在法國的學習有著莫大幫助，帶著我學習見世面懂餐飲的 Guy de Saint Laurent 和 Alain Massol，因為有你們讓我的廚藝突飛猛進。

及多年來陪伴我的心靈長者 Father Gino & Sister Yue、蕭秘書、陽春和莉玲。

以下是所有的主廚和料理夥伴，協助廠商和朋友：

Fabrice Devsignes,Yannick Alleno,Guy Martin,Michel Roth,Daniel Chambom,

Fabrice Dubos,Roland Durand,Christian Constant,Stephane Schmidt,Stephan Riviere,Cyril Brun,Regis Ongaro,Marquay philippe,Alberto Herraiz & Vanina Heuaiz,Jerome Salat,Gourier Bruno,Moigne Sebastion,Nicolas Arnau

Michel Gregory & Fang Michel

Denny & Joel & Martine

Odile & Pascal,Sara,Virginie,Nicolas

Jean Jacqus Mossant

Amelia Nieh,Fenny Pan

　　還有所有在芙蘿和路易十四時期，支持愛護我們的親愛朋友們，沒有你們熱烈的支持和掌聲，就沒有我們精彩的演出。

　　最後要感謝所有曾經跟著我們一起努力奮鬥的可愛夥伴們。

　　所有「驕傲的芙蘿人」，那是我們最珍貴美好的時光，沒有當年光榮的芙蘿，就沒有後來成功的路易十四！

　　（我最親愛的 Fred、Josephie、Sky & Danniel 和可愛的朱朱……）

　　感謝你們的教導、協助、陪伴和愛。

　　願以此書與你們共同分享我的榮耀！

　　想要感謝的人太多，若是不慎遺漏了你，還請來電告知，並請見諒。